好久·不見

LONG TIME NO SEE

●露脊鯨、劍齒虎、
古菱齒象、鱷魚公主、鳥類恐龍……

跟著「古生物偵探」重返遠古台灣，尋訪神祕化石，訴說在地生命的演化故事

蔡政修——著

獻給我最愛的久美子、希美子，
和所有的古生物們。

目次

地質年代表

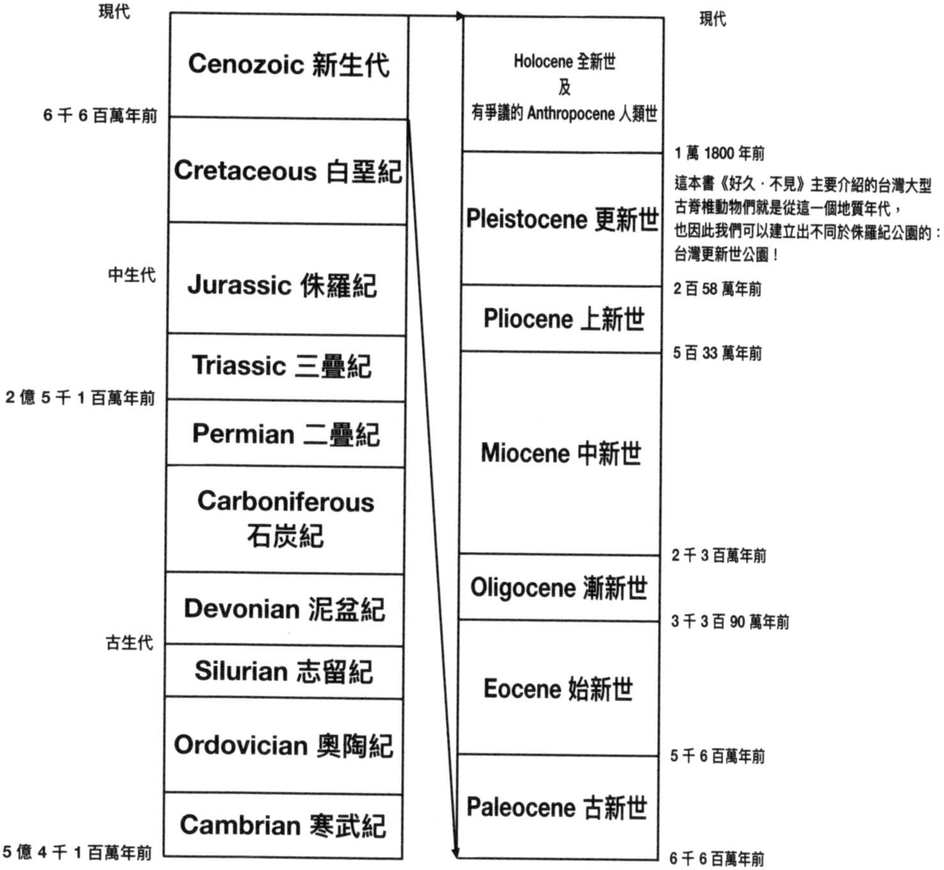
現代
Cenozoic 新生代
6 千 6 百萬年前
Cretaceous 白堊紀
中生代
Jurassic 侏羅紀
Triassic 三疊紀
2 億 5 千 1 百萬年前
Permian 二疊紀
Carboniferous 石炭紀
Devonian 泥盆紀
古生代
Silurian 志留紀
Ordovician 奧陶紀
Cambrian 寒武紀
5 億 4 千 1 百萬年前
現代
Holocene 全新世
及
有爭議的 Anthropocene 人類世
1 萬 1800 年前
這本書《好久・不見》主要介紹的台灣大型古脊椎動物們就是從這一個地質年代，也因此我們可以建立出不同於侏羅紀公園的：台灣更新世公園！
Pleistocene 更新世
2 百 58 萬年前
Pliocene 上新世
5 百 33 萬年前
Miocene 中新世
2 千 3 百萬年前
Oligocene 漸新世
3 千 3 百 90 萬年前
Eocene 始新世
5 千 6 百萬年前
Paleocene 古新世
6 千 6 百萬年前

【自序】台灣古生物的文藝復興

斷斷續續的書寫了好幾年的內容，終於可以在此告一段落，來寫這最後的開頭介紹，突然有股強烈的感動湧上心頭。藉由這本書的出版，希望能將台灣「好久不見」的大型古生物們呈現給更多人知道，而不是似乎只能默默的埋藏在我們腳底下、不太爲人所知。如我們在這本書裡提到的部分古生物研究歷史，台灣的大型古生物們其實從日治時期就算是正式的開啓了這一個看似難以入門的研究領域，我們近期的成果某種程度上或許可以說是台灣古生物的文藝復興。

古生物對於大多數人來說，相信都不會太陌生。從九〇年代開始上映的《侏羅紀公園》和進入二十一世紀後的《冰原歷險記》，這一系列以古生物爲主角的電影可以說是風靡全球，也造就了這三十幾年來以中生代恐龍爲核心的古生物研究熱潮。很可惜的是，台灣的古生物們並沒有搭上這一班全球的順風車，而是可以說從二戰結束、以早坂一郎爲代表的早期日籍古生物學家搬回日本後，幾乎就一直沉寂著，少有人關心其存在或其價值。或許再加上長期以來台灣的古生物研究基本上都是由日籍的古生物學家在主導，似乎就讓這一個領域，跟在台灣生活的大家多了一層距離感，好像這一個研究領域跟台灣的居民一點關係都沒有，我們能做的就是拉張椅子、好好坐著看戲就是了，沒有插手的機會。

就好像當我完成了在紐西蘭的古生物求學階段，到了日本的國立自然科學博物館進行博士後研究工作時，有遇到從台灣來的前輩（也是研究員，但領域並不是古生物學）對我說著像是：「很好，就是要在日本好好的學他們怎麼做事。」雖然沒有直接回應什麼話，只是笑著說謝謝，但我心裡其實是想著，我是來這裡工作、進行古生物學的研究，不是來學他們怎麼做事。當然，我們隨時都在學習新的事物，但就我自己專攻的古生物領域來說，我的身分更接近是來「指導」，並將其研究成果一起發表到國際間的古生物相關研究期刊，而不是主要來「被教」古生物學該怎麼進行。

這樣的反應也多少呈現出台灣長期以來沒有什麼自信心，好像隨時都是處在卑微的地位。我在台灣求學的時候，還記得幾乎每一個人都是在追求下一個階段要去哪裡當學生——現在似乎也沒有太大差異，要升高中的時候希望能就讀所謂的當地第一學府，又或是要升大學的時候，一心一意追求著要來台灣大學或是到國外著名的百大當學生。我還記得我在國中時的第一志願並不是要到哪裡當學生，而是要去全世界最頂尖的大學當教授——聽起來或許有點狂妄，但對我來說那是一種追求、探索未知的心態，這過程即使眞的拿到了大學教職的工作，也是需要持續虛心的學習，因爲大學教授們主要的工作並不是只有教書，而是揭開未知、並將其新發現分享給全世界知道，一點一滴建立起新的知識內容與其體系，才是我們很核心的工作內容。

以古生物的研究領域來說，我很幸運的拿到在紐西蘭所提供的全額獎學金，讓我能在紐西蘭的奧塔哥大學（University of Otago）跟著我的指導教授福代斯（Ewan Fordyce）自由的研究古生物。福代斯回紐西蘭（在紐西蘭拿到博士學位後，前往美國和澳洲進行博士後研究）於奧塔哥大學成立古生物的研究室之前，當時紐西蘭的古生物研究發展，和二戰之後這幾十年來台灣的古生物研究環境有很大的相似度。紐西蘭的鄰居也是一個相對大很多的國家（澳洲），除了古生物的研究進展比紐西蘭更健全之外，也三不五時會被這個鄰居戲稱「喔，紐西蘭，不就是我們的一部分」，這一類相信在台灣大家不會太陌生的說詞。

紐西蘭的地理面積也不算幅員廣闊，但世界各地其實都一樣，只要有適合的沉積環境與地層存在，就有機會發現迷人又有趣的大型古生物。福代斯於八〇年代初開始任職於奧塔哥大學後，除了一開始花了大量的時間在教學工作外，也耗費了好幾年時間終於找到了化石極為豐富的地層——有趣的是，那一大片的土地是採礦地區，並且為私人公司所持有。但有如不少歐美地區的私人企業對於當地或整體的自然史都有著濃厚的興趣，當福代斯和他們搭上線後，福代斯就能帶著他的研究團隊自由進到私人的採礦地區尋找並挖掘化石，而且有任何的發現，其化石標本都隸屬於奧塔哥大學的標本，讓我們能安心進行後續的研究工作——福代斯於去年（二〇二三年）逝世，對我來說有如失去了古生物研究領域的精神支柱，但光是在這一個私人礦場和鄰近地區的挖掘與研究，福代斯在這短短三十多個年頭，就帶領著我們命名了數十種目前仍只有此地區發現的大型古生物的全新物種。

福代斯在古生物研究工作上的心態也是影響我極為深遠。還記得有一天下午，我們一如往常的工作告一段落後，坐在系館前面的階梯休息、喝著下午茶時，話題剛好來到了紐西蘭的大型古生物研究歷史，在福代斯已經回到紐西蘭進行古生物研究工作三十多年後的這一天，他看似一派輕鬆，但又可以感覺到心情有點沉重的說著，我們如果不再多加努力的工作（也就是古生物的研究），沒有人會知道或在意我們的存在——我自己對於這最後的存在的解讀除了是我們自己本身之外，更多的或許是對於紐西蘭所能發現的「古生物」們的存在。

台灣的古生物們長期以來也似乎不存在一樣——不論體型的大小。如果是大型的話，許多人先入爲主的想法就是台灣的地理面積又不大，怎麼會有大型的古生物存在，但如果是小型的古生物，似乎

福代斯帶領我們在紐西蘭進行大型古生物的挖掘。（蔡政修於紐西蘭的野外拍攝）

不少人的認知就會是，體型不大的古生物看起來就不起眼，又怎麼能講述出重要或有意義的故事。但研究工作有趣也重要的是，不論是體型大小，藉由深入的探索，我們常常都能發現被忽略的關鍵點或其意義，像是我們累積了好幾年的研究工作，整合了包含台灣的全球島嶼滅絕和現生的哺乳動物，首次證實了體型的演變——島嶼生物常會出現的巨型化或侏儒化，再加上人類「入侵」了島嶼後，會大幅加速了生物滅絕的速度，並將此成果於去年（二〇二三年）發表在學界中最頂尖的研究雜誌《*Science*》，也清楚指出台灣的古生物們在學界中的價值和重要性。

在這一本《好久．不見》的台灣古生物科普書中，我挑選了台灣目前在海域和陸域兩個主要生態系中所發現最大型的露脊鯨和古菱齒象的化石（第一、二話）。鯨魚的體型能極爲龐大就不需要多贅述，但古菱齒象在台灣陸域生態系中的出沒其實是令人極爲興奮的一件事——因爲古菱齒象的體型比大家所熟知的暴龍或三角龍更爲巨大，說明了台灣目前的面積看似不大，但並不缺乏極爲大型的古生物。接下來的兩種（第三、四話）也分別占領了海域和陸域的生態系——台灣鯨魚和早坂島犀，這兩種台灣所發現的古生物不只都是台灣的特有古生物物種（目前只有在台灣，全世界其他地區都還沒有發現過），也都算是台灣古生物研究早期的重要代表，但卻都有著被遺忘及忽略的悲情歷史。灰鯨和豐玉姬鱷（第五、六話）也同樣是台灣的海域和陸域的大型古生物，剛好分別述說出台灣所在的西太平洋灰鯨的遠古繁殖地，和歐亞大陸最東邊的大型「鱷魚公主」的南北大尺度的移動歷史（台灣和日本）。最後結尾的兩個台灣古生物的故事（第七、八話）是古生物學界中、也是一般大眾很熟悉的大明星：恐龍和劍齒虎！台灣目前雖然沒有中生代的恐龍，但是古生物學界近幾十年來的研究成果已經對於恐龍有很清楚的科學定義——包含了現生所有的鳥類，因此台灣豐富的現生鳥類多樣性也指出了我們應該有很大量的鳥類恐龍化石，等著我們來探索和挖掘。除了《侏羅紀公園》一系列的電影所造成的全球恐龍旋風之外，電影《冰原歷險記》中的劍齒虎也是廣爲人知的超級巨星——台灣發現劍齒虎的蹤跡，揭開了遠古台灣極爲迷人的面貌，也替台灣接下來的古生物研究工作打下了厚實的根基。

一本書的篇幅很有限，而古生物的研究潛力和可能性是無限，其價值更是經濟上的數字所無法衡量。《好久·不見》裡所挑選台灣所發現的古生物，都是我從二〇二〇年開始在規畫與撰寫這本書的內容時，已經或正在進行的研究主題，仍有許多遺珠之憾沒有在此用更多的篇幅來介紹。像是大多數人也很熟悉的猛瑪象或是鸚鵡螺等古生物——如果有機會的話，希望能在下一本書中好好的來介紹。又或是大家可能不熟悉，但我們最近所正式發表於國際間的研究期刊、帶有著清楚保育古生物學意義的金龜化石——因爲台灣目前的現生金龜被認爲是外來種，而金龜在台灣能有化石紀錄就說明了金龜在當代人類還沒來到台灣定居前，就已經是台灣生物多樣性的「原住民」之一，被歸類爲外來種、甚至是將其保育等級降級，不是一個很弔詭的處置嗎？

還記得我在二〇一八年剛從日本搬回台灣、開始在台灣大學生命科學系建置一個小小的古生物研究室（古脊椎動物演化及多樣性實驗室）不久後，我在美國的一位同事James Goedert來到台灣找我一起進行野外的古生物研究工作。短期的研究行程中，我也有帶他到台灣的博物館參訪，準備回美國前他也跟我提及來到台灣會更想看到本地所發現的古生物展覽，而不是美國或中國所發現的恐龍。台灣的地理面積確實不算大，再加上一跟大家所熟悉的美國或中國等地區相比、又或是地理面積小一點的日本，不論是單純的地理面積或是所能發現的古生物數量與其橫跨的年代，確實是難以望其項背，但這並不影響到台灣也有古生物、並且是大型古生物的存在，甚至是有趣、重要和全世界只能在台灣找到的古生物。

希望這一本書能讓更多人認識台灣「好久不見」的迷人古生物們，並且從而激發出後續更多有趣的古生物研究成果。

參考書目&延伸閱讀

* Goedert, J. L., Kiel, S., and Tsai, C.-H. 2022. Miocene *Nautilus* (Mollusca, Cephalopoda) from Taiwan, and a review of the Indo-Pacific fossil record of *Nautilus*. *Island Arc* 31:e12442.

這一篇研究文章裡，我們將台灣南投地區所發現的超過一千萬年前的鸚鵡螺，正式改名為：台灣鸚鵡螺（*Nautilus taiwanus*）。現存的鸚鵡螺雖然沒有生活在台灣周圍的海域，但遠古的台灣有著目前只有在本地發現的鸚鵡螺特有物種。

* Liaw, Y.-L. and Tsai, C.-H. 2023. Taxonomic revision of *Chinemys pani*

(Testudines: Geoemydidae) from the Pleistocene of Taiwan and its implications of conservation paleobiology. *The Anatomical Record* 306:1501-1507.

台灣現生的金龜族群被認爲可能是外來種，因此保育等級被降級，但我們此研究首次發現與證實，金龜在更新世（Pleistocene）時期就已經在台灣生存了，提供了大尺度來思考與制定保育政策的保育古生物學思維。

* Rozzi, R., Lomolino, M. V., van der Geer, A. A. E., Silvestro, D., Lyons, S. K., Bover, P., Alcover, J. A., Benitez-Lopez, A., Tsai, C.-H., Fujita, M., Kubo, M. O., Ochoa, J., Scarborough, M. E., Turvey, S. T., Zizka, A., and Chase, J. M. 2023. Dwarfism and gigantism drive human-mediated extinctions on islands. *Science* 379:1054-1058.

台灣的古生物們整合進全球島嶼生物演化的脈絡中，並且首次發表於最頂尖的研究期刊《*Science*》。我們這一個研究，清楚的指出台灣不只有著豐富的古生物，其背後仍隱藏著不太爲人所知的意義——像是台灣發生過滿大尺度的生物滅絕事件。

* Tsai, C.-H. 2022. *Work harder to be seen*. Geoscience Society of New Zealand Miscellaneous Publication 160: 68-69.

這一本是紐西蘭地質學學會爲紀念我的指導教授Ewan Fordyce所編的專書。Ewan不只帶領我進入全球的古生物研究環境中，在這其中我也特別寫了Ewan帶給我的啟發——像是因爲我們所在的環境，如果我們不更加努力的進行古生物研究工作，很難被看見。

如果是比較偏台灣古生物的整合性中文科普文章，我也另外在《科學月刊》和《臺灣博物季刊》寫過：

* 蔡政修，〈追尋臺灣大型「古」生物之旅〉，《科學月刊》第五十卷第三期，二〇一九年，頁四十一四十五。

* 蔡政修，〈臺灣的更新世公園〉，《臺灣博物季刊》第三十九卷第三期，二〇二〇年，頁四十六—五十五。

【第一話】

露脊鯨
——能一手掌握的化石，竟然能從台灣講出一個全球的故事？

更新世時期在台灣周圍海域出沒的露脊鯨復原圖。
（取自 Tsai and Chang 2019 *Zoological Letters*, 孫正涵繪製）

「這應該是一種露脊鯨的耳骨。等一下，再讓我看仔細一點，嗯，這是左邊耳朵的骨頭。」

我還記得這是我第一次看到這件能讓我一手掌握在手裡的化石標本，獨自在心中所產生的對話。

從事古生物的研究工作，大多數時候都是面對著如此不完整的標本，也因此在判定可能隸屬的生物類群時，總是需要特別的小心，在沒有確定的形態證據、較完整的論述前，不適合大肆

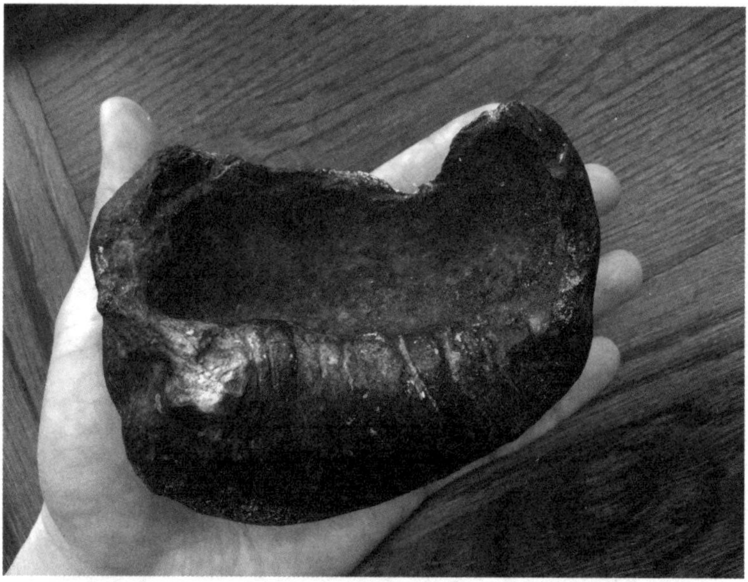

我左手握著能超過十公尺以上的露脊鯨的左邊耳骨。（蔡政修於台灣大學古脊椎動物演化及多樣性實驗室拍攝）

宣揚那埋藏在心中已經快要澆熄不了的興奮之情。

但除了這個原因之外，其實在我剛踏入古生物學的研究領域不久，三不五時都會聽到一個質疑聲：眞的嗎？你怎麼知道、判定這是什麼物種，你有問過國際的古生物學家嗎？

這樣的聲音，一直伴隨著我，直到我去了紐西蘭攻讀鯨魚化石、演化相關的古生物學後，在一次和指導教授福代斯，和其他從世界各地來到同一個實驗室的博士生們（當時剛好聚集了有美國、墨西哥、巴西、日本、德國、瑞士、奧地利，當然，還有我來自台灣）在系館前的階梯喝個下午茶，我就提出了這一個小故事，說我還在台灣時，三不五時都會被問到，有沒有詢問過「國際」的古生物學家之類的。

大家聽到後都不約而同的笑了出來。福代斯聽完後，喝了一口他平常都會喝的咖啡——裡面加有一點鮮奶的flat white（小白咖啡，在紐西蘭、澳洲很常見的用法），接著回應，用英文說著像是：「沒關係，你現在就是國際間的古生物學家了。」

時間先快轉，跳過我在紐西蘭那樣的氛圍下，漸漸蛻變成一名能獨當一面的古生物學家，緊接著到日本國立自然科學博物館從事博士後研究的這一段時間，我很幸運也很興奮的能在二〇一八年二月，開始擔任台灣大學生命科學系助理教授一職，並且開始試著建立起由我所主導、夢寐已久的研究室：古脊椎動物演化及多樣性實驗室。

除了主要駐點在紐西蘭、日本從事研究之外，爲了檢視相關的古生物、骨骼標本，和搜尋、挖掘化石，足跡也多次的踏進了美國、澳洲、德國、義大利、比利時、瑞典等地，而這樣繞了一圈回到台灣，也就還沒有聽過有人對我提出質疑，問我沒有透過國際間的古生物學家來確定我的想法、觀點是不是有問題。

多年下來，我的研究興趣、範疇，主要仍是在大型海洋哺乳動物裡的更大型鬚鯨類群，像是大多數人所熟知的藍鯨、大翅鯨等，都是我很好奇想要深入理解牠們，是如何一路演變成如此巨大的體型。

台灣也有化石嗎？台灣也有恐龍嗎？

世界地圖攤開一看，台灣陸地上的面積看來是不大，但其面對的太平洋，不只在我的想像中、在我多年搭著飛機到世界各地檢視相關的標本，試著拼湊出鯨魚們在數千萬年間演化歷程的經驗中，我知道也相信台灣的地底下，必定蘊涵著能跟我們講出帶有全球視野的化石標本。

同時，台灣除了被海洋包圍之外，那平均深度只有六、七十公尺深的台灣海峽，也清楚的意味著，當更新世的冰河時期讓海平面下降幅度來到或超過這個臨界點時，台灣就會成爲歐亞大陸最東南邊的一角。

相信在台灣的不少人都常聽過，台灣在冰河時期會和中國大陸連在一起，但我在跟大家解釋這樣的環境變遷與古生物演化時，總是會特別強調我不想泛政治化，但世界地圖清楚的標示出台灣的地理位置應該是可以、也該要放在更大的版圖：歐亞大陸的板塊底下來討論，而不是只有限縮在與中國大陸連結的關係。畢竟，當我們像是讚嘆著非洲地區的陸生大型哺乳動物，能在以年爲單位的時間軸來進行長距離的移動時，基本上是用「萬年」以上的尺度來探討生物演化、移動的古生物學，處於歐亞大陸東岸的台灣上的大型脊椎動物，要橫跨歐亞大陸到西邊、或是反方向的來到台灣，大概都會是稀鬆平常的移動距離。

建立起這樣的思維模式後，當然就是需要有最直接的化石證據來驗證這樣的想法，或深入討論其化石標本的背後，隱藏了怎樣的大尺度演化事件。

二〇一八年一月底從日本的筑波搬到台北後，一邊重新改造所接手的退休丘臺生教授的實驗室、一邊開始準備新學期的上課內容；除此之外，很重要、也是主要的工作內容，就是要開始到野外和各個單位的收藏庫裡尋找、檢視相關的化石標本，試著解讀其背後所帶有的古生物學、演化學上的意義。

有趣、但不令人意外的是，知道我開始要在台灣從事大型脊椎動物化石研究的人，第一個反應通常都會是：台灣也有化石嗎？台灣也有恐龍嗎？這樣之類的疑問。

要回答台灣有沒有化石紀錄的出現，我在日本的工作經驗，和剛好不小心娶了日本太太，讓我能從搬到日本工作前還不會五十音的狀態，到現在能有一定用日文溝通和閱讀日文文獻的基礎能力，幫了很大的忙。

因爲，台灣的古生物研究歷史，基本上就是從日治時期展開並奠下根基。也因此，有一定的日文能力和在日本古生物學界中遊走的經驗，確實是對於一些細微的狀況，更能推敲或掌握。

舉例來說，我目前所服務的台灣大學於一九二八年創立時的前身：日治時期的台北帝國大學，一開始創校時就加入的早坂一郎教授，可以說就是在研究台灣大型脊椎動物化石的先驅，也就不意外爲什麼一九八四年在台灣所發現、並被命名爲一個新亞種的犀牛化石，會以早坂爲名（犀牛的故事書寫在第四話）。

台灣有化石的出沒，對生物多樣性、生命演化等議題有些敏感度的人來說，大概不會太意外。但台灣有沒有令許多人爲之瘋狂的恐龍，聽起來就是一個棘手許多的疑問。

或許出乎大多數人的意外，台灣不只有貨眞價實的恐龍，還有台灣才有的特有種恐龍！

一九九三年上映的《侏羅紀公園》（*Jurassic Park*），可以說是徹底的激發了全世界對於恐龍的狂熱與追逐。即使到了二〇二四年的今天，恐龍的形象，對於大多數的人來說，似乎就是古生物學研究的全部了。

但恐龍有如此的代表性，可不是只有形象般的讓人摸不著邊際，而是有全世界各地的古生物學家用一生的精力，和政府、私人所挹注的大量資源，來試著一點一滴揭開恐龍那引人入勝的演化歷程。舉一個比較可以讓大多數人理解到我們對於恐龍知識是如何持續的累積、建構起來的例子：我正在書寫這段文字的當下是二〇二〇年的五月中旬，這年從一月一日到這個時間點，已經有二十種，先前完全未知、生存於中生代的恐龍們被古生物學家發現，並且正式的命名爲新物種、發表在國際間相關的古生物學研究期刊中——平均不到一個禮拜，全世界就又會多了一種中生代的恐龍在我們的知識體系中！

藉由這樣的研究能量，我們現在不只清楚的知道所有現生鳥類都是貨眞價實的恐龍，連我上課在談論恐龍演化所使用的教科書[1]，所提到恐龍定義裡的其中一個主角，即有我們幾乎每天都會見到面的麻雀：

恐龍包含了滅絕的三角龍和現生的麻雀最近的共同祖先，以及從這共同祖先開始的所有後代，都是恐龍。沒有被包含在三角龍和麻雀最近的共同祖先裡的後代，都不是恐龍。

大部分隨口問我台灣到底有沒有恐龍的人，我基本上都很難有足夠的時間用上述簡短的內容來說明，因爲可以感覺得出來，大部分的人，眞的都只是隨口問問，大概也沒有打算眞的想要了解恐龍、或是古生物學的研究工作到底是怎麼一回事，背後又有什麼重要的意涵。所以我一般都只會簡短的回應著像是，台灣當然有恐龍，因爲所有的鳥類都是恐龍，不只如此，我們每天也都在吃著貨眞價實的恐龍肉！

身爲一名古生物學家，不論主要的研究領域是不是以恐龍爲對象，因爲《侏羅紀公園》所引起的大眾關注和研究熱潮，讓恐龍這一個生物類群成爲了古生物學研究的代名詞。更重要的或許是，那背後的研究、發展歷程，很大程度上呈現了演化的精髓：長期以來被認爲已經完全滅絕的大型恐龍們，事實上並沒有完全因爲隕石的到來而退出生命演化的舞台，而是以我們目前稱爲「鳥」的恐龍形式和我們共存。

從恐龍到鳥，這一個不論是在形態、生態上巨大的差異，再加上漫長時間的淬鍊，確實是一個不論在古生物學，或是演化生物學裡都會是非常經典的例子。對於大部分的人都不陌生的鳥類和恐龍，看來如此直觀的差異，竟然能藉由持續在世

1 Brusatte, S. L. 2012. *Dinosaur Paleobiology*. John Wiley & Sons.

界各地所發現的古生物化石：像是十九世紀的始祖鳥、美頜龍、過了一百年後的恐爪龍，和二十世紀末期所發現的中華龍鳥等，一點一滴將這兩個看似八竿子打不著的類群連結了起來，也迫使了古生物學家重新去思考，該如何才能更完整的去詮釋「恐龍」這一個生物類群，也才會有了目前會讓許多人一開始聽到都會感到不可置信的、我們會拿麻雀來當成是定義恐龍的其中一個主角。

喘一口氣，想想我們目前所生活的台灣，地理面積確實不算大、浮出海面的時間確實也不算久，但我們的腳底下眞的沒有什麼有趣的、沉睡的古生物們，能讓我們講出一個如此具有全球視野的生命演化故事嗎？

身長超過十五公尺、不容忽視的「露脊鯨」

如果要以一個海洋國家自居，身處於當代台灣的我們也的確被海洋緊緊的包圍，而遨遊於海中、目前最大型的脊椎動物類群：鯨魚，不訝異的，應該會有一些迷人的、未知的故事等著我們去揭開與探索。

鯨魚的演化歷程，和先前所提的、許多人都不陌生的恐龍相比，有著某種程度的雷同。恐龍從以陸生的生活環境爲主，一路將前肢轉化爲翅膀，占據了人類長期以來所幻想的天空之城；走回時間的長河，最早的鯨魚其實也是有著完整的四肢、奔跑在陸地上，但鯨魚在牠們的演化之路上漸漸地失去了完整的後肢、前肢形成了划槳似的結構，和恐龍類似，鯨魚們從而離開了主要爲陸域的棲地，開發了一個新的生活領域：水中。

五千多萬年前，像是著名的巴基鯨開始一路往水裡邁進後，在不到一千萬年的時間內，鯨魚們已經可以完全脫離陸上生活，自由自在地遨遊在水裡。從這樣「不長」的時間軸來看，大概能感受到鯨魚們似乎有著某種高度先天上走回海裡的優勢；因爲大家熟知的其他海洋哺乳動物，如海豹、海獅等鰭腳類，牠們花了三千萬年左右的時間，都還沒有完全離開陸域。又或者以現生的多樣性來看，現生哺乳動物中完全水生的還有海牛類，但現生海牛類群只有海牛科的三個物種和儒艮科裡的一個物種，總共加起來四種，遠比不過鯨豚們可以分屬於十三個科、高達九十種左右的物種多樣性（多樣性高或低，背後都有其有趣的故事，這一部分可參見第七話）。

光從多樣性來看，就可以想像鯨魚們幾乎出沒在世界各地的海域。就好像是大多數人都能叫得出名號的、世界上最大的「藍鯨」，或是很會唱歌的「大翅鯨」等，都算是全球廣泛性分布的物種。但也有一些如很多人也不陌生的「小白鯨」、「一角鯨」等，出沒的地點都算是滿區域性的，主要都只有在北半球高緯度的海域：先不算小白鯨會出現在世界各地的水族館，就連在台灣最南端，屬於熱帶區域、位於屏東的國立海洋生物博物館也能看到小白鯨。

有趣的是，也有一些令人難以理解的分布狀況，像是身長能超過十五公尺以上的大型鯨魚：「露脊鯨」，牠們所出沒的地點是在南、北半球高緯度地區，中間相連低緯度的廣大海域都看不到牠們的身影。當然，對於生活在緯度較低的台灣的大家，也就不會在我們周圍海域，直接看到牠們優雅浮出海面呼吸的姿態，也無法在台灣所製作出的鯨豚名錄、或是近幾年三不五時會有台灣鯨豚海報等周邊產品裡，知道露脊鯨的存在。讓大多數的人對於露脊鯨相對陌生，即使牠們擁有那可以超過十五公尺、不易忽略的身軀。

露脊鯨這一類的鯨魚能超過十五公尺，其實是在眾多有著兩極性分布模式的海洋生物中最大的物種（意味著關係相近的兩個物種，分別生活在南北半球緯度較高的地區，中間沒有任何的交集或交流）。這樣看起來很「不自然」的生物分布狀況，其實早在十九世紀，達爾文（Charles Darwin）在一八五九年所發表的《物種起源》（*On the Origin of Species*），就已經在探討其形成的起源和歷程。光是從達爾文在書中花了兩個章節（第十一和十二章）來討論生物的地理分布，大概就可以感受到，要能理解我們眼前所觀察到的生物爲什麼生活或出現在特定區域，其實已經困擾了我們不短的時間。

以露脊鯨這一個例子來說，其實我在前往紐西蘭攻讀鯨魚化石和其演化的研究工作前，就發現位於低緯度的台灣竟然有露脊鯨的化石！

從我十幾年前出國到紐西蘭前、或是最後從日本搬回來台灣兩年多的這一段時間，仍是三不五時會有人來問我，台灣到底在哪裡可以找到、看到化石。我都會強調台灣眞的從北到南（尤其是西半部這一邊主要以沉積岩爲主的地層）都可以找到有趣的化石，或是已經有點歷史的台灣博物館、台中的自然科學博物館和台南的左鎮化石園區的館藏之外，台灣古生物的祕密金庫是在私人收藏家的手上。

二〇〇四年參與了由成功大學王建平教授，所帶領解剖那著名的超過十五公尺、運送過程時在路上爆炸的抹香鯨後，我就已經自己在心中默默的下了決定，要從古生物、化石的研究工作來理解鯨魚們演變成如此巨大、優雅、迷人生物的歷程。除了開始閱讀國外對於鯨魚化石、演化的相關研究文章之外，很幸運的，藉由當時同學陳麗文的介紹，我開始在台中科博館地質學組張鈞翔研究員的辦公室、研究室出沒。

在科博館的大部分時間，幾乎自己一個人躲在研究室裡讀著似乎是用外星語言書寫的研究論文，在收藏庫幫忙整理標本時，開始多看那似乎想跟我說些什麼有趣故事的化石，試著描繪出骨骼或是化石標本的形態、樣貌，也開始有機會拿著那似乎能打開時光機大門的化石清修筆，慢慢的將化石周圍的岩石移除之外，每次都很期待能有機會和張鈞翔或其他的研究員，一起走進野外或私人收藏家的家裡。

野外要找化石、挖化石的狀況，真的是有如大海撈針一樣，永遠無法預期會在哪一個暴露的原始地層中，眼睛會被那太陽光反射出來和周圍岩石不同的「化石光線」所吸引住。有趣的是，即使如此，只要翻開已經公開發表的地質圖，知道哪個地區有怎樣的沉積岩、沉積環境和年代等，基本上都可以獨自輕裝的展開一趟探索化石的遠古之旅。

相對的，不論是在野外所發現或是經由購買、交易所取得的化石標本，只要進入一般民間的私人收藏家家裡，沒有熟識的門道，幾乎很難有機會打開那帶有時光機大門意味、化石愛好收藏家的私人家門。再加上台灣其實有一個化石出土、發現的地點，那就是我們自己在一般情況無法去開挖的：介於台灣本島和澎湖的海底。

高手在民間，打撈沉睡於海底的古生物

台灣本島和澎湖之間的這一片海域（俗稱澎湖水道或澎湖海溝），或是考量整個台灣海峽，其實並沒有許多人想像中的深，平均深度也才落在六十到七十公尺這一個區間，還不到台北１０１的五分之一高。以一層樓約三公尺的高度來計算，也才大約二十幾層樓高的深度。雖然我在上課或演講時試著詢問學生或聽眾們，會有人回答像是幾千公尺或甚至是一萬公尺深的答案。

有趣的是，那看來似乎和古生物研究沒有太大相關的漁業，在這裡成爲了相當關鍵的角色。現在的台灣畢竟被海給全面包圍，有著發達的漁業也就不會太令人意

外，而台灣海峽這一片海域並不深，所以當漁民們進行捕撈漁獲的底拖作業時，都會不小心從海底和漁獲們一起打撈上化石！

超過半個世紀前，當漁民從海底打撈上這些所謂的「死人骨頭」化石時，雖然並不清楚其來源或身分，但畢竟長年的工作和生物相關，對於骨骼結構還是有一定的認識，所以似乎可以知道這些是死掉的生物遺骸。但對漁民來說，並不是他們所想要的、有經濟價值的漁獲，再加上有不吉祥兆頭的意味，通常這些化石都會被直接丟回海裡；如果被帶回陸地上，便會被堆積在一些偏僻的地方。

所謂的高手在民間，從日治時期所遺留下那對於古生物、化石研究的發展或欣賞的眼光，雖然沒有廣泛散布在社會中，仍是有一定的小眾市場，大概就類似藝術品與古物市場那樣的結構。

這一段歷史並沒有詳細的記載，但狀況大概就是漁民在大海中撈上化石、帶上陸地的標本們被放進廟裡祭祀或純粹被丟棄在一旁後，開始發現有人會來撿那些他們覺得將帶來厄運、不值錢的動物化石骨骼。經濟活動畢竟是人類社會發展中很重要的一環，不意外的，有了這樣的契機，漁民們和眼光銳利、有一定經濟能力支撐的化石愛好收藏家們，從而建立起了一個讓原本沉睡於台灣和澎湖海底的古生物們，保存下來及流通的平台。

藝術品、古物也沒有一定的價格，隨著其市場的稀有程度和願意出價的買家經濟能力而決定其價位。化石在這一方面也很類似，沒有所謂的公定價。二十世紀末的一九九七年所留下拍賣單一件暴龍化石的金額：高達八百三十六萬美金（考量通貨膨脹的話，會至少是現下的一千多萬美金，也就是不少於三億多的新台幣！），曾經是世界紀錄[2]。

一般來說，化石在如此的自由經濟市場中流通後，通常都會流入或不斷在不同私人收藏家之間轉手。但這一件天價的暴龍化石，很幸運的有位於美國芝加哥菲爾德自然史博物館（Field Museum of Natural History），向麥當勞和迪士尼等大企業順利募到一定金額後，在和私人收藏家的競標中拔得頭籌，讓相當完整的暴龍化石能提供古生物學家從事基礎的研究工作，也能在博物館內公開展示，讓大眾一窺眾

2 這一個當時的世界紀錄已經在二〇二〇年被另一件暴龍化石給打破，有在第六話的故事裡提及。二〇二四年的暑假期間（七月），一件劍龍的化石標本在拍賣的價格超過了四千四百萬美金（超過十四億新台幣！），再次打破了二〇二〇年暴龍化石的拍賣價格。

多遠古生物中經典代表之一的全貌。

台灣澎湖海域這一帶所打撈上來的化石，似乎主要仍是保存於私人收藏家的家中，但陸陸續續其實也有一部分的化石標本，進入到如位於台北的台灣博物館、台中的自然科學博物館、台南的左鎮化石園區等公立單位。而身爲一位所謂的「專業」古生物學家，我的工作就是要將手上研究的化石背後所隱藏的、不爲人知的祕密與故事，用扎實的研究來說給全世界的人知道，也就是要將其研究成果發表到所謂的國際期刊。

國際間要有這樣的知識流通、交換、傳遞，在我研究的古脊椎動物領域中，目前主要主導的可以說是一九四〇年於美國所成立的「古脊椎動物學會（Society of Vertebrate Paleontology）」，而學會在發表最新研究成果的宗旨裡，就清楚的提到了：所有的研究標本都必須要收藏、保存於被認可的公、私立或非盈利機構，所有的化石材料也都必須符合學會裡的道德規範。

眼尖的人或許會注意到，這古脊椎動物學會裡的規定也有提到「私立」單位，但這是指「公開的、有被認可」的私立機構，而不是在私人家中。舉例來說，在台灣許多人很熟悉、也不陌生的美國哈佛大學（Harvard University）就是公開的、有被認可的私立大學，而校內從一八五九年就有設立了比較動物學博物館（The Museum of Comparative Zoology），其館內的收藏也有著豐富的古生物研究標本提供給全世界的研究人員使用，且有相當著名的古生物學家如古爾德（Stephen Jay Gould），是比較動物學博物館裡的研究人員，在各大研究期刊、書籍中發表了許多經典的古生物研究論文。

在腦海中揮之不去——澎湖海域中所浮出水面的露脊鯨化石

台灣當下的狀況和美國不太一樣，從澎湖海域由漁民所打撈上岸的化石標本，流落在台灣各地的私人收藏家的家中，這也意味著，如果從一開始有難得的機會進到私人收藏家中檢視其化石標本，也很幸運的「發現」了在學術研究上有著無法計價的化石時，很難有機會能進一步從事更深入的研究工作，從而將其背後那隱藏、不為人知的故事說給大家知道。因為那最主要、直接的「證據（也就是化石標本）」，無法讓其他人輕易的重新檢視。

如先前提到的，這些在澎湖海域的海底所發現的古生物化石，某種程度上就是因爲被賦予了「經濟價值」，才有機會在人類社會中留存了下來。換句話說，這些目前收藏於私人收藏家中的化石標本，並不是沒有機會進入到學術研究，而是有可能像是私人收藏家透過相當程度、龐大的財力，從而建置了公開的私立博物館，或是捐贈給已經成立的公、私立機構（像是可以捐贈給我從事研究工作的台灣大學，讓我們進行研究及公開展示），或是研究人員們爭取到一定的經費，去向這些私人收藏家收購化石標本——但要滿足這一個條件其實並不容易，因爲像我一樣的古生物研究人員，其實並沒有外界想像中的一樣有著充足的「銀彈」，可以去獵下所有想要的、需要的化石，而這也是我從二〇一八年正式回到台灣後，花了好幾個月的時光，終於向學校申請到可以讓大家透過學校系統捐款的帳戶（還可以抵稅！），供給古生物研究的主要原因之一。

來來回回的遊走於台灣好幾位化石私人收藏家的家中，幾乎每次都能檢視到可以讓我很興奮的化石標本！那種興奮的程度和感受該怎麼形容呢？大概就像是中了樂透的頭獎一樣！但身爲、或想要成爲一名古生物學家當職業的話，我們中了頭獎要「兌獎」的方式，並不是藉由化石買賣，而是得要詳細的檢視其化石標本的形態，然後賦予其帶有生命長河、全球視野意義的故事後，撰寫成扎實的研究文章，發表在古生物學界裡公認的研究期刊中。

帶有這樣心態在私人收藏家的家裡檢視化石的過程中，總是能稍微讓那像是脫韁野馬一樣的興奮之心稍微平緩下來，再加上我自己常掛在嘴上的說法：這些已經轉變成化石的古生物們，基本上都是已經在那邊等了千、百萬年以上的時間，不差我在剩下短短的幾十年這一生中，有沒有機會將其故事撰寫成研究文章讓大家知道——即使試著用這樣的想法，讓自己舒緩不一定有機會研究那對我來說，可以改寫一些生命演化歷程的化石標本；回到實驗室或家中，那迷人的、即使通常是不完整的化石，還是持續占據在我的腦海，揮之不去。

在澎湖海域中所浮出水面的「露脊鯨」化石就是其中之一。

漁民們在澎湖海域進行底拖作業時所打撈上來的化石們，年代並沒有我常說的已經沉睡了千、百萬年以上。因爲是從海底、不確定的地層中發現的，再加上海底的保存環境、狀況並不是很理想，常用來確定化石年代的方式，如微化石的鑑定、放射性元素的半衰期，和鄰近地區的化石動物群相比對等，目前都只能提供了有限

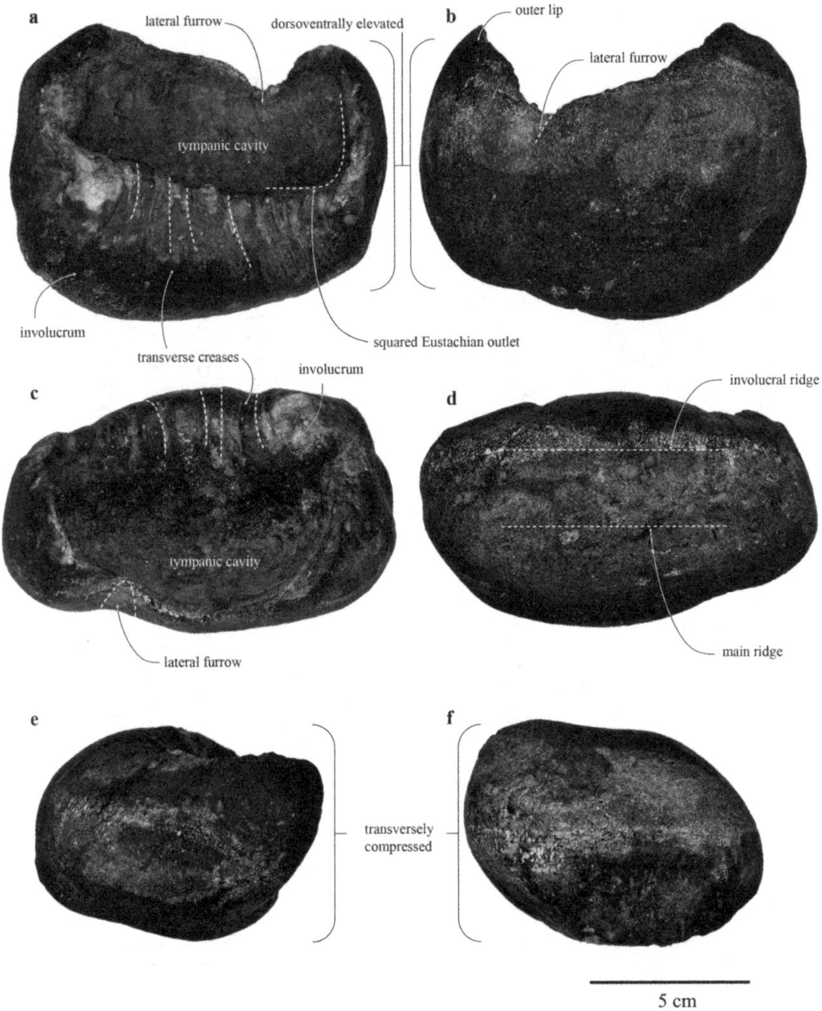

台灣更新世露脊鯨化石的形態和其解剖構造。（取自 Tsai and Chang 2019 *Zoological Letters*）

的線索。即使來自澎湖海域中大量化石標本的確切年代並沒有很清楚，但就目前的推測，大概是介於地質年代中的更新世中期到晚期這一個階段，也就是大約七十八萬年到一萬年前的年代。

露脊鯨的化石在這一個數十萬年間的年代，出現在台灣這樣低緯度的地區，第一個冒出在我遠古想像中的連結，就是在冰河時期，這些一般是喜好生活於高緯度、較爲寒冷海域的露脊鯨們，因爲高緯度地區變得更加酷寒，而原先低緯度的溫度降到牠們也可以自由自在遨遊的範圍中，台灣周圍海域很自然的也成爲了露脊鯨會拜訪的區域之一。

這解釋聽起來似乎很合理，但對於腦筋再動得快一點的人來說，似乎會察覺一個似乎不太對勁的地方，那就是在更新世冰河時期，台灣海峽包含澎湖海域這一帶深度不深的地區，應該是形成了陸地，怎麼會有這大型、可以超過十五公尺以上的露脊鯨出現呢？這樣的疑問是滿自然的，畢竟從澎湖海底的更新世時期，也打撈到了比暴龍、三角龍體型還要驚人的陸域生物（詳見第二話）。

更新世冰河時期的台灣海峽，確實會有一大片的區域都形成了陸地，但在台灣與澎湖之間的海域更南邊一帶，大約在高雄以南之後外海的深度，都會超過冰河時期海平面下降的高度，所以海岸線會是在澎湖海域更南邊一點。更重要的或許是，這樣地形地貌的改變，看來會有一部分的潟湖或是對於露脊鯨這種雖然大型、但性情溫和的物種有一定保護程度的海灣形成：露脊鯨等的大型鯨魚們，就體型來衡量，似乎已經很難在自然狀況下有天敵了，但虎鯨、大白鯊等大型的海洋高階獵食者，仍會是一個滿大的威脅，尤其是對於剛出生不久的小鯨魚們（台灣曾經是鯨魚的繁殖地？這一段似乎溫馨感人的遠古親子故事寫在第五話）。

解決了台灣海峽在更新世冰河時期，確實是應該會有大型的海洋哺乳動物如露脊鯨的出現，接下來的疑問應該會是那台灣的露脊鯨是從哪裡來？又或是這只有一個左邊耳骨、一隻手就能輕易掌握住的露脊鯨化石標本，背後隱含了什麼有趣的故事、在全球生物演變歷程中占了什麼角色？

攤開世界地圖、再翻開當下任何一本海洋哺乳動物或是鯨豚的百科全書，來對照現生露脊鯨們的分布，都可以看到北太平洋的高緯度地區有著北太平洋露脊鯨、北大西洋有北大西洋露脊鯨、南半球的廣大海域有南露脊鯨的出沒，這分屬於三個不同的物種，但在生物分類的架構中都被歸在露脊鯨這一個屬（*Eubalaena*）的分類位階中，清楚的表明了牠們的關係非常親近。

這三個不同、但各自分布於南北半球高緯度的露脊鯨，有多親近或相似呢？距離現在才二十年出頭的二十世紀末，海洋哺乳動物學會在一九九八年出版了一本《世界的海洋哺乳動物》（*Marine Mammals of the World*）中，是將全球的露脊鯨都歸在同一個物種，只是分布於不同海域中族群的差別。進入到二十一世紀後，更多的研究、尤其是分子生物學的進展，漸漸的釐清了占據不同大洋中生活、就目前看來是完全沒有交流的露脊鯨們，應該是分屬於不同的物種。

生物學分類上的分分合合，不論是從外部身軀的樣貌、內部的骨骼形態，或是我們肉眼無法直接察覺的分子層級的序列差異等，當然都有一定的專業判斷。但從物種演化、產生新的物種的角度來思考的話，露脊鯨們有著這樣剪不斷、理還亂的分類關係，可以推測牠們分化的時間點離我們並不遙遠，從地質年代的時間點來看，大約就是在我們當下生活的全新世（Holocene）的前一個階段：更新世。

一個露脊鯨跨越赤道、全球移動的輪廓，似乎已經漸漸浮現。更新世的冰河時期讓主要生活在高緯度的露脊鯨們往低緯度的方向移動，這解釋了南、北半球大尺度交流的時間點。但另一個看著世界地圖就會產生的明顯疑問：那露脊鯨們進行南、北半球交流的偉大航道是哪一條呢？

「對」的鯨魚，在台灣展開全球古生物視野的故事

我左手上輕握著台灣澎湖海域所打撈上來的露脊鯨化石，感受到的不只是露脊鯨那可以重達上百公噸的體重，讓我顫動的更是連接起露脊鯨南、北半球那原先不爲人知的偉大航道環節。雖然看似只是一個有點圓滾滾的化石標本，但整個地球似乎就在我手中輕輕地轉動，追著露脊鯨游過赤道，分布到兩個半球高緯度海域的過程。

鯨魚們在進行長距離的遷移時，經常都會沿著海岸線不遠的路線。世界的板塊分布會影響到有幾條沿岸的海中路線可以進行南北半球的交流，像是如果回到恐龍類群剛起源的中生代三疊紀（Triassic）的時光，全球主要的陸域板塊都是連接在一起、形成一個我們稱爲盤古大陸的陸地，在這樣的背景架構下，就只有盤古大陸的東岸和西岸可以讓偏好沿岸海域的海洋生物，能夠選擇遊走於南北半球——畢竟

讓大家時空錯亂，三疊紀這時間點還沒有所謂的鯨魚，但寬廣的海域中，已經有大家不陌生、也常拿來和身爲哺乳動物的鯨豚們，當作趨同演化例子的魚龍類群。

台灣露脊鯨化石的年代爲更新世，這時間點雖然有著冰河時期和間冰期的交替，讓海平面載浮載沉的上上下下，但陸地的板塊並沒有和我們目前的二十一世紀有太大差別。這也就意味著，露脊鯨們如果要沿著海岸邊進行南北半球的長途旅行，基本上比三疊紀多了兩條路，總共有四條路線可以選擇：太平洋的西岸、太平洋的東岸、大西洋的西岸，和大西洋的東岸。

位於太平洋西岸低緯度的台灣，不經意的由漁民讓露脊鯨的化石標本浮出海面，透過研究生命演化所帶有的歷史洪流、具有全球視野的地理分布，當然還有露脊鯨這一類鯨魚們的生態特性等，可以讓我們將這一個一開始看起來似乎很不起眼、可能會被當成垃圾丟在一旁的化石標本，放進一個具有全球尺度的故事。這樣的思維流程說是在我一看到這露脊鯨左邊耳骨時就已在腦海中一瞬而過，或許有點太誇張，但我當時就清楚的知道，即使很不完整，這是一件不容小覷的化石標本，我的身體還記得我手上拿著這一個化石的那個當下，那背脊發麻、身體輕微顫動的感覺。

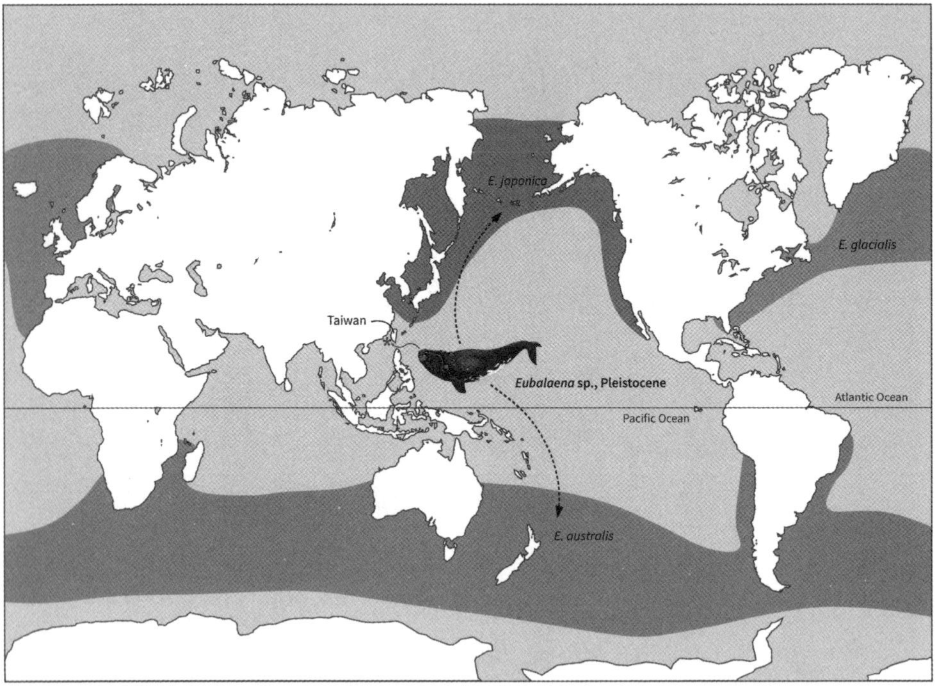

台灣所發現的更新世露脊鯨與其遊走於南、北半球的偉大航道。（取自 Tsai and Chang 2019 *Zoological Letters*）

露脊鯨的英文名稱爲：*right whale*，可以翻成「對的鯨魚」。除了早期對於鯨魚的認識不深，露脊鯨這一類的鯨魚被認爲是「典型的」鯨魚，而被取上「*right whale*」這一個名稱的解釋之外，常被流傳的講法是因爲露脊鯨這一類的鯨魚在早期的捕鯨業發達時，不只有著很高的經濟價值：具備大量的油脂和鯨鬚可供使用，更重要的是獵捕之後，不像更大型的藍鯨之類的會往海裡沉，而是會浮在水面上，讓捕鯨員們可以輕易將成功捕獲的露脊鯨，進一步送到捕鯨船上，以供後續的處理——所以是「對」的鯨魚來獵捕。

但我想，我們可以賦予露脊鯨是「對」的鯨魚新的含義。因爲在台灣所發現的露脊鯨化石，可以跟我們述說著具有全球視野的故事。對於台灣仍在起步的古生物學界來說，也是一種非常「對」的鯨魚，讓這能達到十五公尺以上的大型鯨魚，可以乘載著古生物學的新視野，讓生活在台灣的大家感受到這一塊看似不大的土地，並不是古生物學的研究沙漠，而是能提供給全球古生物學新養分的綠洲。

參考書目&延伸閱讀

* Tsai, C.-H. and Chang, C. H. 2019. A right whale (Mysticeti, Balaenidae) from the Pleistocene of Taiwan. *Zoological Letters* 5:37
這一篇研究文章不只是在台灣首次發現的露脊鯨化石，其意義更是可以連接起了露脊鯨在南、北半球高緯度分布的演化歷史。這一個古生物的研究成果也是第一話的故事主軸。

* Brusatte, S. L. 2012. *Dinosaur Paleobiology*. John Wiley & Sons.
這一本恐龍古生物學是我在上課時常用的教科書之一，在書中的一開頭就給了很清楚又簡短的恐龍定義，那就是：現存的麻雀與滅絕的三角龍的最近共同祖先和其所有的後代。

* Rice, D. W. 1998. *Marine Mammals of the World: systematics and distribution*. Special Publication 4.

這一本由「海洋哺乳動物學會」所出版的專書，是二十世紀末和二十一世紀初，要認識全球海洋哺乳動物很重要的參考資料，但隨著更多的研究成果和發現，我們對於如此巨大的海洋生物的認識也不斷更新，像是以下這兩本是較新、也較完整的海洋哺乳動物相關的參考文獻：

＊Wilson, D. E., and Mittermeier, R. A. 2014. *Handbook of the Mammals of the World: sea mammals* (*volume* 4). Lynx Edicioins.

＊Wursig, B., Thewissen, J. G. M., and Kovacs, K. M. 2018. *Encyclopedia of Marine Mammals*. 3rd. Academic Press.

＊Thewissen, J. G. M. 2014. *The Walking Whales: from land to water in eight million years*. University of California Press.

鯨魚從在陸地上奔跑的陸生哺乳動物，演變成完全生活在水裡的海洋哺乳動物這一個演化歷程，從達爾文的時代就困擾著研究人員。近幾十年來在印度和巴基斯坦一帶的化石，持續揭開這一段迷人的轉變歷程。而這一本書就是由主要研究鯨豚從陸到海這一個大轉變的古生物學家所撰寫。

＊蔡政修，〈尋找化石：科學研究還是商業活動？〉，「環境資訊中心」：https://e-info.org.tw/node/113254，二〇一六年。
在這一篇科普文章中，我利用了上個世紀末最著名的化石拍賣：暴龍「蘇」，來討論化石在科學研究和商業活動中所占有的角色。

【第二話】

古菱齒象
——什麼，台灣有比暴龍、三角龍還要重的陸生生物？

台灣所發現、能超過十公噸的古菱齒象。（蔡政修於台中的國立自然科學博物館拍攝）

「不考慮海中的鯨豚們，因爲牠們也會出現在陸地上：擱淺。大家知道在台灣的陸地上所曾經出現過最大的野生動物是什麼生物嗎？」這是我滿常在課堂上或演講時試著問大家的一個問題。如果當場有對於台灣現生生物比較熟悉一點的人，通常都會回答出：台灣黑熊。或是有人若曾在動物園看過或聽過「林旺」，大象也是一個滿常聽到的答案。

大象，確實就是我所預期聽到的答案。但並不是林旺所屬的亞洲象——而是一種已經滅絕的「古菱齒象」。

有趣、也一直讓我難以理解的是，當我說出台灣野生環境曾經孕育過最大型的陸生動物，是一種超大型、身長可以超過七公尺、體重可以超過十公噸重的古菱齒象時，通常都會得到滿一致的反應，那就是一臉失望的表情，然後不時還會有人冒出「可是牠們已經死很久了啊」之類的話，一副就是古菱齒象似乎不該算是台灣生命歷史中的一員。

我似乎也漸漸習慣有這樣的「迴響」。當時間還算充裕時，我就會搬出幾乎無人不知的暴龍來多跟大家聊一下——因爲出現在美國土地上的暴龍，比台灣存活過的古菱齒象死了更久！台灣的古菱齒象也和第一話的露脊鯨一樣，是從澎湖海域裡被漁民打撈上岸的，確切的年代同樣不清楚，但也可以說大約介於七十八萬到一萬年前這一段期間。但暴龍呢？我們都知道暴龍並沒有存活過那中生代白堊紀（Cretaceous）最末期的大滅絕事件，也就是說暴龍已經滅絕了至少六千六百萬年以上。

鳥類就是恐龍？恐龍竟是恆溫動物?!

換句話說，最後一隻暴龍消失的時間，已經是比最後出現在台灣的古菱齒象還要早上百倍、千倍遠古的時間，但暴龍的存在感仍是如此強烈，即使時間的尺度是離我們數千萬年以上、空間的距離從台灣出發也要數千公里的長途旅行，都沒有影響到暴龍可以進到大家的日常生活，就好像是每一個人的遠古寵物一樣。暴龍、三角龍或其他中生代恐龍們會讓現今大眾有如此的親切感，主要源自克里頓（M. Crichton）一九九〇年所架構出的《侏羅紀公園》這本小說，進而在一九九三年藉由美國好萊塢電影產業躍上大銀幕，到目前已經拍了六部的系列電影（另外五部的上映時間點依序爲：一九九七年、二〇〇一年、二〇一五年、二〇一八年和二〇二二年）——這一系列的推廣，就現在來看，似乎可以說是將原本軀體已經沉睡至少六千六百萬年之久的恐龍們，賦予了新的生命。

似乎仍有不少人所期待的賦予新生命形式，是讓已經滅絕於中生代的暴龍、三角龍等恐龍們可以眞的復活過來，就好像《侏羅紀公園》裡所建置的世界一樣。先不論我們有沒有機會或發展出相關的技術來親眼看到活生生的暴龍，透過在全世界各地尋找生命歷史的軌跡、試著拼湊出生物演化的樣貌，我們其實已經眞的讓恐龍「復活」了，或許這麼說會比較適合：恐龍完全滅絕於天外飛來一筆隕石的中生代、新生代交界處的認知是錯的，恐龍已經消失的這個觀念錯得離譜，因爲我們現在不只每天都在看著恐龍飛、嘴裡也吃著恐龍肉，現生恐龍們的多樣性還遠比我們人類所屬的哺乳動物類群還要高得多：目前鳥類恐龍的物種可達一萬種！

恐龍在生物分類學裡的專有名詞爲：Dinosauria。對於恐龍這一個單字許多人都不陌生，也大概知道其組成的字源是來自希臘文，其中dino（希臘文爲deinos）意味著可怕的，而sauria（希臘文爲sauros）是蜥蜴或爬蟲類的意思，所以合起來就是讓大家聞之喪膽、卻又令人著迷的可怕爬蟲類，中文翻成「恐龍」。但比較少人知道或會去注意到的是，恐龍這一個正式的分類名稱是由英國著名的古生物學、解剖學家歐文（R. Owen）在一八四二年所命名的——沒有看錯、我也沒有寫錯，稍微數一下，就是再過二十年左右，就會是恐龍正式被命名的兩百週年。

記不記得恐龍是在一八四二年這一個年份被正式提出，我想，並不是太重要。但關鍵的概念或許在於意識到恐龍的研究工作，已經在所謂的西方國家進行了將近兩百年，到現在不只沒有停止的跡象，反而是不斷有新的發現、也持續的改寫，挑戰我們對於生命史演化的眞實軌跡。

舉例來說，光是恐龍和鳥的關係，其實在十九世紀的時候，恐龍這類群才被提出來不到二十年，有達爾文在一八五九年發表了《物種起源》，來試著將眾多的生命形式給串連起來。兩年後的一八六一年，有了「始祖鳥」正式被發現後，被熟知爲「達爾文的鬥牛犬」的赫胥黎（T.X. Huxley），仔細的「盯著」始祖鳥和屬於恐龍的美頜龍所保存的骨骼形態，就已經意識到始祖鳥的存在，應該是可以連接恐龍和鳥類那失落的環節。從赫胥黎在一八六八年和一八七〇年分別寫的兩篇文章的標題，就可以清楚抓到其要點：幾乎介於鳥類和爬蟲類之間的過渡形態動物（一八六八年：On the animals which are most nearly intermediate between birds and reptiles）、更多恐龍和鳥類親緣關係的證據（一八七〇年：Further evidence of the affinity between the dinosaurian reptiles and birds）。

科學研究有趣的地方就在於不是寫了研究論文之後，想傳達的事情就是眞理、或是就一定會被廣泛接受。因爲那呈現出來的證據有可能是錯誤解讀，或是還不夠充分，甚至是社會氛圍仍無法接受、了解其新穎的觀念。

赫胥黎所提出的「假說」和其捍衛達爾文的演化論點有些不太一樣，「鳥類就是恐龍」的這一個想法似乎就被忽略在一旁，好像沒有存在過一樣，但這就是將證據和其背後不爲人知但可能隱含的意義，用研究文章正式發表的意義。即使被擱在一旁，當有了新證據時，又可以拿出來重新檢驗、思考。赫胥黎過後的一百年左右，在大西洋另一岸、美國耶魯大學的古生物學家奧思創姆（J. Ostrom）在一九六九年所研究並命名的「恐爪龍」——不只重新讓古生物學家們正視「鳥類就是恐龍」這樣的論述，恐爪龍所帶起的相關研究也讓人意識到，和鳥類爲一脈相傳的中生代恐龍們應該也是恆溫動物——恐龍不是人們想像中那有著「冰冷冷」的形象，而是應該和我們現在對於恐龍們的態度同樣「熱情」。

比暴龍、三角龍更有分量的遠古寵物：古菱齒象

回過頭來想一下曾經出現在台灣，體型應該可以大於廣為人知的暴龍、三角龍等極為著名恐龍物種的「古菱齒象」。

古菱齒象最早在台灣被正式發現的時間點，至少可以推到一九三一年，雖然比暴龍和三角龍在美國所被發現的時間點晚了幾十年：暴龍是在一九〇五年被命名，三角龍更早一點，回到十九世紀的一八八九年。距離現在將近百年的時間，台灣的古菱齒象似乎還是不太為人所知。

從台中自然科學博物館正門走進去後會立刻相遇的「陽光走道」，展示了基本上是全台灣目前唯一古菱齒象的全身骨骼復原——這古菱齒象的巨大身軀，從一九九六年開展後，到現在約二十八年的時光，都還佇立在設計有陽光可以灑進室內空間的陽光走道上。一九九六年是我小學畢業要升國中那一年，我出生、成長在台中有點偏遠的清水小鎮，也記得從小我母親就會滿頻繁、不辭辛勞的帶哥哥和我兩兄弟到科博館內參觀，或是在科博館外的草地野餐、打滾，以許多人喜歡或偏好的故事脈落來敘述，似乎我應該就是要被科博館的古菱齒象給震撼到，然後決定投

入到古生物學研究的熱血情節——但現實是，我當時對於陽光走道有古菱齒象的存在，並沒有太深的印象，也沒有特別去注意在陽光走道上罰站的古菱齒象，背後有什麼有趣的、迷人的故事。

清水在台中地區已經算是有點遙遠的地方，但我成長的老家在清水也算是「荒蠻」的地域：鰲峰山上。對於歷史、遺跡、考古、古生物等有點興趣且有相關背景的人，知道我成長在清水的鰲峰山一帶後，似乎多多少少都會連結我是不是受到了在鰲峰山所發現的，大約是三、四千年前的牛罵頭遺址所影響，才會投入到古生物學的研究工作——但還是要再一次讓抱有這樣成長故事幻想的人失望，從小到大我幾乎不知道在鰲峰山上有牛罵頭的考古遺址，因爲當時的學校不會提到清水鰲峰山上有牛罵頭遺址，再加上它位於軍事基地裡，長期以來基本上都是大門深鎖，直到我人已經在紐西蘭從事博士研究期間的二〇一四年，才算是完全開放牛罵頭園區讓外界能自由參觀。

似乎錯過了清水在地所孕育的牛罵頭遺址的文化薰陶，也沒有深刻的意識到母親不斷帶我到科博館，去感受到在台灣所發現遠古的古菱齒象的分量，但在鰲峰山上這樣一座有點遠離世囂的、也能輕易眺望台灣海峽海面的小丘陵上成長，再加上常躲在只有百人左右的小學中，一個小小圖書館裡讀著給小朋友看的、可能有些吹噓的偉大科學家傳記所影響，確實記憶中應該還在小學階段時，就夢想著能成為科學家，去探索人類歷史這數百年、千年以來都沒有人知道的祕密。

懵懵懂懂的不清楚自己能做些什麼研究工作，只能確定自己對於自然、科學領域有著探索的憧憬。在這之前的成長養分當然不可抹滅，但那清楚的轉折點就是在二〇〇四年、大二上學期剛結束時，不只有機會參與那超過十五公尺以上的爆炸抹香鯨解剖，還能親身「騎」著這隻抹香鯨，那身體的感官、對於生命演化可能性的認知，幾乎可以說在那一瞬間就改觀了——意識到要了解生命是如何在這漫長的時間軸裡找到適合的出路，需要從古生物所存在的遠古，研究至一路走到現今的歷程。

能有機會騎在一隻超過十五公尺、重達五十公噸以上的抹香鯨當鯨騎士，那種眞的打從心底萌生的刺激、震撼，完全改變了我的世界觀，也就不訝異為什麼不少人會有衝動想要去泰國騎當今最大的陸生動物：大象，或甚至是想像著復原出中生代那大型的恐龍們當坐騎。

泰國的大象在生物分類中為亞洲象，身高一般大概都是兩公尺多、體重大約在四公噸，而許多人認為的恐龍們中的王者：暴龍，從頭的嘴巴前端拉到尾巴的末端，可以有十二公尺、重量不會超過十公噸，雖然估算可能可以達到十四公噸；又或是不少人喜愛的三角龍，身長大約在八、九公尺，身高頂多到三公尺，而體重一般也不會超過十公噸，雖然也有被推測可以達到十二公噸。

每天吸收日月精華、佇立在科博館陽光走道的古菱齒象，所復原的全身骨骼大約身長將近八公尺、身高快要來到四公尺——科博館並沒有提供確切的體重估算，現階段也沒有特別針對台灣所發現的古菱齒象可以有多少分量的研究成果，但從目前對於世界各地古菱齒象的了解——漫步於台灣的古菱齒象其實是可以輕易超過十公噸[1]！換句話說，當不少人瘋狂於不論是時間、地域都離台灣的大家有點距離的暴龍或三角龍等古生物，其實這一塊看似不大、也似乎不少人會看扁的台灣土地上，曾經有著比暴龍或是三角龍等明星生物還要更有分量的遠古寵物。

或許是距離產生了美感，即使是暴龍和三角龍等明星被放在時光有點錯置的《侏羅紀公園》裡，仍是絲毫減損不了其魅力。侏羅紀在地質年代中是指二億一百萬年到一億四千五百萬年前，而暴龍和三角龍都是生活在白堊紀：一億四千五百萬年延續至六千六百萬年前這一段時間的晚期——大約為六千八百萬年至六千六百萬年前之間。相信大家的數學都不錯，這也就意味著暴龍和三角龍等白堊紀末期的物種要「走回」到侏羅紀，需要至少七千萬年以上的時光，反而是離我們現在只有六千多萬年還比較近！

生命的起源至少可以推回到三、四十億年前，在不同時間點，世界的面貌其實都有相當程度上的差異。身爲古生物學家，對於這個基本要素幾乎都有一定的敏感度。但在詞彙使用上，常常也都會隨著

台南大地化石礦石博物館館長陳濟堂與其夫人陳魏美英和台灣目前所知最大個體、能超過十三公噸的古菱齒象化石標本（前肢的尺骨）。（蔡政修於台南的大地化石礦石博物館拍攝。）

1 我們剛在今年（二〇二四年）正式發表了台灣所發現的古菱齒象的體重估計，最大的個體能超過十三公噸！細節請參照這一話的參考書目和延伸閱讀。

一些歷史發展而有些改變，不一定只能死板的抓著那原先的定義——對我來說，這也其實就是從古生物來研究演化的一個很重要的思維。侏羅紀這一個詞，也可以說是從《侏羅紀公園》在一九九三年上映、造成全球的轟動後，就幾乎可以代表了古生物所生存的遠古世界中，眾多年代的代名詞——似乎也就沒有什麼好去爭議像是明明暴龍就是生存在白堊紀末期，卻被當成是《侏羅紀公園》的封面人物。

抱著這樣的想法，雖然清楚知道目前台灣所發現的大部分脊椎動物化石，都是生存於新生代的「更新世」這一段時間，距離侏羅紀至少可以相差到一億多年、最多還可以差到兩億年，我在二〇一八年初回來台灣後，不論是在上課、演講，或是有人來採訪我時，常常都會說著台灣也可以發展出「侏羅紀公園」式的古生物研究，或其背後所帶起的古生物經濟——也很自然的會引起一些漣漪。畢竟總是有一些人會糾結於「侏羅紀」在地球歷史所代表的年代，或是不認為台灣也可以發展出像是歐、美等地區的扎實古生物學研究，及其創造出來的各式各樣生活周邊產品。像是台灣的古菱齒象生存於更新世時期，所以我也在二〇二〇年的時候寫了一篇〈台灣的更新世公園〉的科普文章，來推廣台灣的遠古公園，試著讓大家脫離只有侏羅紀公園的想像。

古菱齒象與非洲象的親緣關係

讓我會開始用「正眼」好好的看著、並仔細觀察古菱齒象的契機，應該就是參與了科博館陽光走道上的古菱齒象骨骼的維護工作。在大二解剖課、並正式當上鯨騎士，決定投入從化石來探索生命的演變歷程後，大約一年左右的時間，幾乎是不知該從何開始，只能默默讀著生硬的研究論文；試著了解其化石骨骼暗號的古生物之旅的隔年，我到了科博館地質學組和主要研究大象化石的張鈞翔實驗室，開始意識到台灣竟然曾經出現過如此巨大的陸生動物——再加上除了幾乎沉浸在科博館幕後那一般不為大眾所知的研究室裡，試著和已經化為不完整化石骨骼的遠古生物「談心」之外，也會跟著地質組內的技術人員莊錕明遊走於科博館內，去檢視、清點、維護化石收藏品或展示品的狀況。

星期一是科博館沒有開放給民眾的休館日，但這並不代表博物館在星期一就是停工。相反的，星期一通常是「博物館驚魂日」，因為有一整天的時間可以替公開展示中的古生物們重新裝扮，或好好檢查它們有沒有在民眾們參觀時，奔跑之際不小心被撞到；或是在平日的「博物館驚魂夜」中玩得太興奮，而導致了一些毀損。

就在這樣的日常星期一中，將相關的維護工具放到推車上，和莊錕明等技術人員來到陽光走道，還沒有開始維修工作，光是站在古菱齒象的面前，才意識到自己有多無能爲力、多麼的渺小——聽著莊大哥指揮，手腳好像不是自己的一樣在工作，整個人的心思已經幻想著坐在古菱齒象上漫步，在遠古的台灣大草原上，遠視著周圍其他遠古動物們的動靜。

古菱齒象的名字：*Palaeoloxodon*，來自日本的古生物學家松本彥七郎（H. Matsumoto），於一九二四年認爲這一類的大象化石和非洲象的牙齒形態很類似，在牙齒磨合面上的琺瑯質有著菱形狀的齒版，因此取名爲「古」：palaeo，加上「菱齒」：loxodon——仔細一看就會發現後面菱齒的含義，其實就是源自於非洲象在生物分類上的名稱：*Loxodonta*——很清楚的表明了古菱齒象和非洲象應該有著很親近的關係。

常常會聽到有人開玩笑的說著分類學研究並不科學，身爲從事古生物基礎分類的研究工作，我總會在允許的狀況下盡可能解釋生物分類是怎麼一回事——根本的概念就是提出一個假說。就好像眾多領域的科學研究一樣，只是我們提出的假說是以現有的證據來判斷手上所保存的化石標本，該是隸屬於什麼生物，或和其他生物的親緣關係是怎麼一回事——還記得我們剛剛提到的鳥類和恐龍關係的研究歷程嗎？我想，每一個階段都清楚的呈現出科學研究的精神。

生物分類的方式或認知，不只呈現了我們對於這世界的了解，或影響到我們是如何詮釋這世間的萬物——就好像鳥類是貨眞價實的恐龍，不也很大程度改變了我們的世界觀嗎？分類研究的過程也充分表現出科學研究的內涵，古菱齒象也經歷了類似的

典藏於台灣大學古脊椎動物演化及多樣性實驗室的古菱齒象。照片裡為古菱齒象的單一顆牙齒，加上旁邊的比例尺，相信就能讓大家稍微感受到古菱齒象的巨大。（蔡政修於台灣大學古脊椎動物演化及多樣性實驗室拍攝）

分類不確定性。

歸類在哺乳動物中的古菱齒象，也和其他大部分有牙齒的哺乳動物們（也有不少哺乳動物是無齒之徒，像是前一話所提到的露脊鯨就沒有牙齒，而是依賴著鯨鬚攝食）一樣，牙齒的形態能提供我們在分類、攝食等研究上豐富的資訊，再加上牙齒有琺瑯質的保護，在保存、形成化石的過程中，比其他的骨骼部位占了相當大的優勢——所以研究哺乳動物的化石及其演化歷程，某種程度上來說，也就好像是哺乳動物們的牙醫一樣。

一開始以牙齒的形態來幫古菱齒象取名，也認爲牠和非洲象有著相當親近的關係，但隨著陸陸續續發現更多古菱齒象的化石標本，結合了更多完整的頭骨部位形態分析後，松本在一九二四年提出古菱齒象和現生的非洲象是同一個家族的假說，似乎站不住腳，而認爲古菱齒象應該是和許多人不陌生、也有在泰國騎過的亞洲象比較親近——或許不少人會認爲，身軀巨大的古菱齒象到底是和非洲象還是亞洲象有較近的家族關係，這有什麼差別嗎？事實上非洲象和亞洲象雖然都是象科（Elephantidae）的成員，但在當下的分類架構中是完全不同屬、種的生物——非

典藏於台南大地化石礦石博物館的古菱齒象頭骨。（蔡政修於台南的大地化石礦石博物館拍攝）

洲草原象的學名爲：*Loxodonta africana*，亞洲象是：*Elephas maximus*。

舉一個大多數人可能比較會感同身受的例子，那就是黑猩猩和我們自身所屬的「智人」，其實在生物分類裡都是屬於人科（Hominidae），但我們和黑猩猩也是不同屬、種的生物——我們智人的學名是：*Homo sapiens*，而黑猩猩爲：*Pan troglodytes*——所以如果找到一個新的化石物種，有一派的說法是和黑猩猩較爲親近、但另一派的假說卻是和我們人類家族比較親近，可以提供智人早期演化的關鍵資訊等等——這完全不同的解讀，對於我們如何詮釋現在的形成以及未來的可能、該怎麼走，其實會有很大的影響。就如同我個人挺喜歡的歐威爾（G. Orwell）在《1984》這本小說中所描述的：控制了過去的人就能控制未來。

非洲象和亞洲象的支系，在演化歷程分家的時間點至少超過了五百萬年以上，和人類與黑猩猩走上不同條生命之路的時間點差不了太多，也就是爲什麼要能清楚的將已經滅絕的、又是體型上在哺乳動物演化歷程中數一數二巨大的古菱齒象，恰當的放進去大象們的演化架構，這是有其重要性的。

解決古菱齒象這重達至少十公噸以上的祕密，竟然來自時常令人充滿幻想，但某種程度卻又似乎有點不切實際的古ＤＮＡ研究成果？

自從瑞士化學家米歇爾（J. F. Miescher）在一八六九年分離出核酸、一九五三年由廣爲人知的華生（J. Watson）和克立克（F. Crick），發現了去氧核醣核酸（也就是大家所熟知的DNA）的雙螺旋結構，三十年後的一九八三年有穆利斯（K. B. Mullis）發展出聚合酶連鎖反應（也就是所謂的PCR：Polymerase Chain Reaction）能簡易的大量複製出DNA片段後，生物學的研究也就如此一步一步的讓人完全改觀。

當這樣的分子生物學發展或技術等幾乎都只有應用在現生的生物體上時，很自然的，也就有人將這樣的可能性動到已經沉睡了百萬、千萬，或甚至是億年以上的古生物——相信大多數的人都會立即連結到克里頓一九九〇年所寫出的小說和一九九三年改編成的經典電影：《侏羅紀公園》。除了科幻小說或是電影情節之外，確實在科學研究中也三不五時會有人跳出來宣稱，他們找到了中生代恐龍的古老DNA——再加上編織出《侏羅紀公園》的克里頓其實是有生物、醫學相關的訓練背景，讓其想法與運作的細節看不出明顯瑕疵，從而引起更多人憧憬著《侏羅紀公園》眞實發生在我們的現實生活中。

透過古DNA研究驗證古菱齒象的親緣關係

一九九三年幾乎就像是隕石在六千六百萬年前從天外飛來一筆的撼動地球一樣，《侏羅紀公園》上映後的隔一年，在一九九四年立刻就有伍德沃德（S. R. Woodward）的研究團隊，發表了他們疑似爲生存於中生代白堊紀的恐龍化石中萃取出的DNA！此研究成果也不意外的刊登在全世界有著極高影響力的《*Science*》這一個研究期刊中。

聽到這樣的消息確實會讓人感到莫名興奮和雀躍，但問題或許會是在於當大多數的人只接收到這一開始的資訊，卻沒有、或很難持續追蹤後續的發展——畢竟許多時候人們只會看到自己想看的、或聽到自己想聽的，而且在這資訊爆炸的時代下，要能注意到各個不同領域最新的發現也不太可能，或是在目前專業分工如此精細下，也不容易掌握能判斷眞僞的魔鬼細節。

在那《侏羅紀公園》剛上映不久的時空背景下，探索、尋找中生代恐龍DNA的工作幾乎可以說是最前端、最吸引目光的研究。伍德沃德等人在一九九四年十一月十八日發表在《*Science*》的研究成果也立刻引來質疑聲——像是赫奇斯（S. B.

Hedges）和史懷哲（M. H. Schweitzer）兩人在不到一個月內的時間，就重新分析伍德沃德研究團隊的資料，並撰寫出一篇評論文章投稿到《*Science*》，在半年後的一九九五年五月底的時候，正式被揭露出伍德沃德團隊那所謂的恐龍DNA，應該根本就是我們人類的DNA！

在自然的狀況下，DNA會在幾天、幾個月、幾年內就會分解掉——DNA要長命百歲都不是很容易，更不用說是在萬年、百萬年、千萬年以上的尺度了。當然，如果這樣解釋的話，我們也就不用耗費心思、資源在研究古生物的化石，因為要形成化石的過程，及留存下來的比例也是很低——但從事研究工作總是需要認清現實、手持證據、懷有想像，然後一點一滴的探索，揭開先前完全未知的世界。

古DNA相關的研究在現今仍是蓬勃發展，到底能走回多遠，每一小步，當然都可能是開啟遠古大門的一大步。就現階段而言，目前所萃取成功、也有正式的研究紀錄、最古老的DNA其實還不到兩百萬年[2]——距離要走到許多人夢寐以求的中生代恐龍的年代：至少是六千六百萬年以上的時間點，還有滿長的一段距離。

2 目前已知的是超過百萬年以上的古DNA在全球知名的研究期刊《*Nature*》發表。

在一些特殊的狀況、環境下，不只是我們古生物學家常在接觸的骨骼化石，可以有完整度較高的保存狀態，分子層級的古DNA也是一個不少人會想追求的目標。但問題其實不只在於想要取得古DNA那背後所需要龐大的研究經費和人力，願不願意、可不可能針對那相對稀少的化石標本從事破壞性、萃取DNA的程序，也會是一個滿令人天人交戰的議題——因爲可能整個化石標本都化成灰了，還是沒有成功取得古DNA的任何片段，導致「人財兩失」的地步。

二〇〇三年在加拿大的永凍層中有發現疑似爲「馬」的化石肢骨——有不少化石確實很稀少、珍貴，大概很難有機會可以取得許可，來從事萃取DNA等破壞性的研究工作。但其實也有不少化石算是滿大量、常見，又或者因爲保存狀態的關係，不容易直接從事一般外部形態分析的研究工作，這樣的化石基本上就會是可以試著從事破壞性研究的選擇。永凍層所發現的化石，相信不少人也都會很直覺的認爲那保存狀態應該是滿不錯的，古生物研究人員也是這樣想。奧蘭多（L. Orlando）和其總共達五十六人的研究團隊，就試著萃取在二〇〇三年於加拿大永凍層中所發現的馬化石DNA——不只成功建立出這馬化石大致的基因圖譜、改寫了我們對於馬的演化歷程認知，這年代大約落在五十六到七十八萬年前的更新世中期的馬化石，也曾經是發現最古老DNA的確切紀錄——這大概也就是所謂十年磨一劍最佳詮釋之一：二〇〇三年發現了化石、十年後的二〇一三年幻化爲發表在許多研究人員夢寐以求的《*Nature*》研究期刊中。

鋪陳了古DNA的相關研究，其實是要打下一定的根基，才能支撐得住那極有分量的古菱齒象？

我還不確定會不會回台灣、人還在日本國立自然科學博物館從事博士後研究工作時的二〇一七年六月，看到了梅爾（M. Meyer）集結了二十一人的研究團隊，剛在《*eLife*》發表了他們成功將古菱齒象的基因體重建出來，利用古DNA的資料，來重新驗證古菱齒象應該是和非洲象的關係較親近、而不是亞洲象——不只如此，更進一步的發現古菱齒象和非洲森林象更像是兄弟，而同樣是非洲象成員的非洲草原象卻被排除在外——這樣的結果清楚意味著非洲象、古菱齒象之間應該有著先前不爲人知的親密交流。

讀著這篇研究文章，默默的在位於筑波的日本國立自然科學博物館的研究室裡，想起佇立在台中科博館陽光走道的古菱齒象。台灣所發現的、目前仍展示於陽光走道的古菱齒象，目前的展板介紹是寫為「淮河古菱齒象」，但有趣的是，在一九九六年開展後的一大段時間，其實都是以「諾氏古菱齒象」的澎湖亞種身分跟大家見面——相信大多數人讀到這裡，已經不會太訝異於這樣分類上的修改、更新，因為這就是科學研究的進展，就如同我們現在會說非洲象可以被分為兩種：非洲森林象和非洲草原象，其實也是進入到二十一世紀的這二十年前左右才被劃分出來，之前的認知就是現生只有一種非洲象。話雖這麼說，但其實台灣所出現的古菱齒象分類工作，仍有待更深入的研究，才能解決漫步於遠古台灣的古菱齒象到底該隸屬於哪一種，又或者會不會有不只一種古菱齒象在歐亞大陸探索適合居住的環境時，來到台灣這一塊看似不大的土地上。

古菱齒象目前的分類確實仍有點混亂，但從出沒地點來思考的話，古菱齒象算是廣泛的分布於整個歐亞大陸。梅爾團隊是利用在德國所發現的古老古菱齒象的化石標本，來尋找出古ＤＮＡ，年代比加拿大的馬化石更年輕一點，大概是中更新世末期的十二到二十四萬年前——值得提醒大家的是，台灣所發現的古菱齒象應該是比梅爾團隊所使用的化石標本們更年輕，一部分的古菱齒象很有可能是生存到更新世末期的一、兩萬年前——當然也不是從年代就可以判定我們一定能夠從台灣所發現的古菱齒象，來進行古DNA研究工作，也要考量其保存環境、狀況等，但如果沒有對於先備知識有一定程度的認知，便無法去架構出那天馬行空的可能性，而不願意去嘗試那看似不可能的探索；不論是迷人的《侏羅紀公園》、或是有最多可能超過二十公噸的古菱齒象所乘載的「更新世樂園」，大概都只能眼睜睜看著國外一點又一滴，透過扎實的研究成果說出那「不包含台灣」的世界觀——我想，眞正的世界觀應該是將各地的資訊統整後才能有全面的視野，少了一個地方都可能會有視角的偏差；當然，台灣也是世界的一分子。

從日本搬到台北準備開啓延續鯨魚化石、演化，再加上以台灣脊椎動物化石爲研究主軸的二〇一八年，剛好就有出版社請我審查一本原文爲日文、即將要翻譯成台灣中文版的繪本。翻到關於滅絕的大象們那一部分時，注意到裡面有提到：日本納瑪象——我很清楚知道這指的應該是剛剛有提到的「諾氏古菱齒象」，畢竟如前所描述，古菱齒象的分類還有很大爭論的空間，就像有人會認爲諾氏古菱齒象只是納瑪古菱齒象的其中一個亞種，所以說是「日本納瑪象」我個人會覺得可能有點不是很適合，但也不方便多說些什麼，畢竟原著是日文版。

我個人有一點點微詞、也有將這一部分審查意見提送給出版社，其實是關於繪本中對於這古菱齒象所生存區域的資訊，因為書內寫的是：亞洲（日本、中國）。審查完後預計不久會在台灣出版，所以我有特別強調或許可以考慮加上「台灣」——希望能藉由這樣一點小小的改變讓更多小朋友、甚至是陪伴著小朋友閱讀的家長，也能接收到，台灣其實也有如此龐大的遠古動物，而不是只有離大家很遙遠的國外地區，才有迷人的古生物。

打著這樣的算盤，但最後台灣並沒有如我所意被加進古菱齒象的生存區域中。身為古生物的研究人員，研究告一段落要將其成果撰寫成正式的研究文章投稿到相關的古生物學期刊發表前，新發現的證據、邏輯推論、隱含的意義等，都一定會被其他的古生物學家所審查，而我自己到目前也已經替超過數十種不同的國際間古生物研究期刊審查過文章，所以對於「審查」或「被審查」的運作方式，都算是家常便飯一樣熟悉。或許沒有接觸過的人不太知道這樣的審查機制是如何運作，概念就是沒有什麼「大問題」的話，審查委員的意見對於原作者來說，基本上那些長篇大論就只是個參考，沒有一定要逐條修改——當然，這之中還有期刊編輯的考量跟拿捏。

有了古菱齒象出現在以小朋友爲主要對象的繪本審查經驗，我更加深刻的意識到要讓台灣所出現能比暴龍、三角龍等知名恐龍們還要有分量的古菱齒象，成爲更多人會幻想的坐騎。無法期待藉由他人來將這上古的動物賦予新生命，如果眞的有自以爲是的使命感，只能自己埋頭進遠古的世界中，去將古菱齒象透過富有故事性的研究成果，拉回當下的現實世界，讓古菱齒象從似乎只有接收科博館陽光走道下的太陽，走進我們的日常社會中，讓攤在陽光下的古菱齒象，來重新詮釋台灣與歐亞大陸，這一大片陸域的大尺度生命演化史。

參考書目&延伸閱讀

＊蔡政修，〈大型陸生哺乳動物的形態與演化〉，《臺灣博物季刊》第三十七卷第四期，二〇一八年，頁六十六—七十一。

＊蔡政修，〈沉睡在遠古台灣的巨獸：古菱齒象〉，「環境資訊中心」：https://e-info.org.tw/node/223197，二〇二〇年。

在這兩篇科普文章中，除了有討論大型陸生哺乳動物的演化之外，主要的重點就是著重於台灣所發現的古菱齒象。最重的古菱齒象能來到二十公噸左右，台灣所發現的古菱齒象雖然沒有如此巨大，但能是輕易的超過十公噸。

＊松本彥七郎，〈日本產化石象の種類〉，《地質學雜誌》第三十一卷，一九二四年，頁二五五－二七二。

＊丹桂之助，〈臺灣總督府博物館所藏の舊象化石〉，《臺灣博物館學會會報》第二十一卷，一九三一年，頁三一一－三一四。

透過松本彥七郎這篇文章，可知古菱齒象這一個分類名稱剛好是在一百年前所被命名；而透過丹桂之助的論文，發現台灣首次有古菱齒象的化石紀錄，也可以推回到將近一百年前的一九三一年。

＊Biswas, D. S., Chang, C.-H., and Tsai, C.-H. 2024. Land of the giants: body mass estimates of Palaeoloxodon from the Pleistocene of Taiwan. *Quaternary*

Science Reviews

這一篇我們最近所完成和發表的研究文章，就是針對台灣所發現的古菱齒象進行體重的進一步推算。目前所知台灣最重的古菱齒象能來到十三公噸，是台灣有史以來最大的陸域脊椎動物。

＊Crichton, M. 1990. *Jurassic Park*. Alfred A. Knopf.

這一本出版於一九九〇年的《*Jurassic Park*》（《侏羅紀公園》）科幻小說就是在一九九三年被改編爲電影的原著。能有這樣的科幻發想通常都少不了最一開始的研究成果所累積出的知識體系，包含了恐龍這一個迷人的詞彙在一八四二年被命名和DNA的結構在一九五三年被發現．．

＊Owen, R. 1842. Report on British fossil reptiles. *11th Meeting of the British Association for the Advancement of Science*: 60-204 (24 July 1841).

＊Watson, J. D., and Crick, F. H. C. 1953. Molecular structure of nucleic acids: a structure for Deoxyribose Nucleic Acid. *Nature* 171:737-738.

更引人入勝的是《侏羅紀公園》裡的發想到底實際上有沒有可能呢？也因此在《侏羅紀公園》電影上映的隔年就有研究團隊宣稱有發現了白堊紀時期的恐龍DNA。

＊Woodward, S. R., Weyand, N. J., and Bunnell, M. 1994. DNA sequence from Cretaceous period bone fragments. *Science* 266:1229-1232.

但這一個研究成果其實在隔年就被發現那號稱是白堊紀時期的恐龍DNA其實是汙染，而且應該是人類的DNA。

＊Hedges, S. B., and Schweitzer, M. H. 1995. Detecting dinosaur DNA. *Science* 268:1191-1192.

目前所知道最古老的DNA都只有在距離我們不久的更新世時期，如這幾篇的研究成果：

＊Orlando, L., et al.（共五十六位作者）2013. Recalibrating Equus evolution using the genome sequence of an early Middle Pleistocene horse. *Nature* 499:74-78.

＊Kjar, K. H., et al.（共三十九位作者）2022. A 2-million-year-old ecosystem in Greenland uncovered by environmental DNA. *Nature* 612:283-291.

談論古生物時，不能缺少的就是演化的思維，所以很建議有時間的話，可以仔細讀達爾文於一八五九年所出版的《物種起源》：

* Darwin, C. 1859. *On the Origin of Species: by means of natural selection, or the preservation of favoured races in the struggle for life*. John Murray.

從古生物來看大尺度的演化時，長期的研究和引人入勝的恐龍們，一直都是一個很具代表性的類群，而「鳥類就是恐龍」其實從達爾文時代開始，達爾文的好友赫胥黎就已經利用形態特徵加上演化的思維預見了這一個事實：

* Huxley, T. X. 1868. On the animals which are most nearly intermediate between birds and reptiles. *Annals and Magazine of Natural History* 2:66-75.
* Huxley, T. X. 1870. Further evidence of the affinity between the dinosaurian reptiles and birds. *Quaterly Journal of the Geological Society* 26:12-31.

但十九世紀到二十世紀上半葉的將近一百年，相關資料仍是很有限，直到一九六九年由Ostrom所發現與命名的*Deinonychus*，才又重新讓大家意識到鳥類就是恐龍的事實，並且引發了更多後續的研究成果，被認爲是恐龍相關研究的當代文藝復興：

＊Ostrom, J. H. 1969. A new theropod dinosaur from the Lower Cretaceous of Montana. *Postilla* 128:1-17.

提到恐龍的話，大家都不陌生的暴龍是在一九〇五年被正式命名：

＊Osborn, H. F. 1905. *Tyrannosaurus* and other Cretaceous carnivorous dinosaurs. *Bulletin of the American Museum of Natural History* 21:259-265.

＊Orwell, G. 1949. *Nineteen Eighty-Four*. Secker & Warburg.

《1984》這一本小說雖然和古生物學沒有直接的關係，但裡面所提到的觀念如：Who controls the past controls the future（誰控制了過去就控制了未來），很符合我們從事古生物學研究的概念與意義。而另一句：Who controls the present controls the past（誰控制了現在就控制了過去），也意指了現在的我們願不願意投入心力和資源，來研究與解讀利用古生物能看到的過去與現在的連接，和對於未來的展望。

【第三話】

台灣鯨魚
——不就是泛指台灣周圍出現的鯨魚們？

在澳洲墨爾本展示、和台灣鯨魚（*Balaenoptera taiwanica*）一樣為鬚鯨屬（*Balaenotpera*）的最大的藍鯨。（蔡政修於澳洲的墨爾本博物館拍攝）

「咦，怎麼大家似乎都不知道有台灣鯨魚這一種大型鯨魚的存在？」

這是我人還在台灣掙扎著如何從事古生物學研究，到順利出國前往紐西蘭攻讀博士，回來台灣後開始建置起研究脊椎動物化石實驗室這超過十年的時光，幾乎不斷在心裡冒出的一句話。尤其是當我和嘴巴上掛著說很喜歡鯨魚的人們聊天後，更是感到有點難過，因爲大多數的人似乎都對「中華白海豚」很了解，或對牠們的處境很擔心，但卻對於身分掛有「台灣」名號，在全世界各大海域、時間的長河中，現階段只有在台灣才發現過、應該可以超過十公尺以上的鯨魚，幾乎是一無所知。

「台灣鯨魚」這說法聽起來好像是在泛稱有出現在台灣周圍海域的鯨魚們，但其實在超過半個世紀前，是眞的有一種新的鯨魚物種被命名時，就取爲：台灣鯨魚——生物分類的正式學名爲：*Balaenoptera taiwanica*——從學名中的「taiwanica」，就可以清楚地看出這新的鯨魚是以台灣爲名。

爲何「台灣鯨魚」備受冷落？

台灣海域目前會出現的鯨魚、海豚大約有三十幾種——不少人似乎都會很驕傲的宣稱台灣只占了全球一小丁點面積，卻能有超過全世界現生鯨豚三分之一以上的多樣性物種，會出現在台灣周圍海域！讀到這裡，或許可以停一下，試著回想，超過全球三分之一的鯨豚物種出現在台灣周圍海域——能確切的說出有哪幾種？

「中華白海豚」大概會是在台灣問了大多數人後，會出現的少數共同答案之一。

藍鯨、大翅鯨、抹香鯨、小白鯨、虎鯨（或有人喜歡稱呼牠們爲殺人鯨）、瓶鼻海豚等，對於大多數人似乎也都不陌生，畢竟這些明星物種在報章雜誌、電視電影、網路資訊中都算是有滿高的曝光率，但當這些名稱浮上心頭的時候，隨之而來的疑問多半是：這名字很熟悉、也在哪裡有看過照片，但在台灣周圍海域眞的有出現嗎？而常被稱爲「馬祖魚」的中華白海豚，似乎就沒有這樣的困擾，因爲光是名字聽起來就和台灣有強烈的連結，所以對於不同鯨豚物種間分布狀況不清楚的人，也都能有一定的信心，覺得中華白海豚應該是會出現在台灣的周圍海域。

巨大的藍鯨頭骨與我。（拍攝於美國史密遜自然史博物館）

以物種確切的分布來看，中華白海豚雖然沒有像是抹香鯨有著全球廣泛的分布，但仍是不局限出沒於台灣海峽——大約從北緯三十度以下的中國沿岸，沿著海岸線穿過香港、海南島到東南亞的緬甸、馬來西亞等，甚至到印度、斯里蘭卡一帶可能都有牠們的蹤跡。但因爲名字裡有「中華」這兩個字，也就不意外中華白海豚似乎在台灣會很得人心了？名稱或名字某種程度上決定了我們對於該事物或品項有著先入爲主的想法，或提供了還沒有深入認識前的想像空間——光是想一下自己名字的由來，或自己有了小孩後可能要想破頭才會決定心肝寶貝的大名，或是看一下周遭親朋好友名字的取名方式，大概就會意識到，決定一個名字的困難或其重要程度了。

有趣的是，二〇一五年有研究文章主要透過中華白海豚外觀體色的分析，更進一步的將在台灣周圍海域所遨遊的中華白海豚，和主要在中國大陸沿岸出沒的中華白海豚分爲不同亞種——台灣這邊的定名爲：中華白海豚的台灣亞種（正式學名爲：*Sousa chinensis taiwanensis*）。和在台灣超過三十種以上的其他鯨豚物種名稱相較，只有中華白海豚光從名稱，似乎就讓生活在台灣的民眾及政府單位，覺得該投入大量資源來保護、研究其族群。畢竟名字現在不只有「中華」兩個字，連大多數人都很認同的「台灣」，也正式被放進這個物種的生物學名當中——那身分地位似乎就被拉高了一樣。

回過頭來一相比，「台灣鯨魚」是直接在物種層級上，就是專屬於台灣的物種，而化石紀錄目前也只有在台灣發現，意味著台灣鯨魚是全世界其他各地都沒有的「台灣特有種」，獨特性可以說是比中華白海豚的台灣亞種高出了一截。除此之外，中華白海豚的台灣亞種是在二〇一五年被確認，台灣鯨魚剛好早了半個世紀——是在一九六五年被正式發表及命名，到現在已經超過了五十年的時光，但在台灣卻仍然是不太爲人所知，或許可以說是清楚的反映出了古生物學和其發現的遠古生物們，長期在台灣遭受冷落的表現。

大型古脊椎動物化石的研究工作在台灣會如此被忽略，可以歸咎的原因也不是三言兩語可以涵蓋，大概需要縝密的爬梳台灣整體歷史發展、國家政策、人民思維等眾多不同面向才可能會有較清楚的脈絡可循。但簡略來說，光是台灣面積不大，再加上歐美等地區的古生物學家已經在世界各地許多地區耕耘了百年以上的時光，其迷人、常常令人難以理解的古生物形態、有點加油添醋的遠古故事，陸陸續續輸入到台灣，似乎讓台灣的人們覺得古生物研究就是、該是在那國外廣大且杳無人煙的地區所產出，有著浪漫風情的遠古憧憬——而台灣這塊土地似乎就是古生物的絕緣體。

出乎絕大多數人想像之外，埋藏、沉睡在我們腳底下的遠古生物，如果我們願意投入心思、資源去挖掘、研究，大概就會像不少人夢想著何時我們可以在腳底下挖出幾個油井一樣，發展出有著極高經濟價值的「黑金」產業，鈔票似乎就會源源不絕的流出來——古生物研究所能引起的古生物經濟學，不只能豐富我們社會的教育思維、娛樂面向，那背後的經濟產值眞的也能達到無法計算的天文數字——還是再次想想《侏羅紀公園》的影響力。

迷人的是，台灣鯨魚的發現還眞的就是台灣早期試著要開發地底下的黑金產業所意外發現的化石！社會中不同產業的連結，常常都會有令人意想不到的關係——像是台灣很發達的漁業就不小心從海底「撈」到了能串連起南、北半球的露脊鯨（第一話），或是母子情深的灰鯨繁殖地（第五話），而這台灣鯨魚有機會冒出頭來，其實是由另一個在台灣較不爲人知的「黑金」產業，也就是在試著探勘我們腳底下的石油時，所不小心「流」了出來。

採礦過程發現大型動物化石，卻被驚險「盜墓」！

第二次世界大戰結束後的隔年：一九四六年在中國大陸上海所成立的「中國石油」，經歷了國民黨和共產黨的戰爭後，一九四九年隨著國民黨正式搬到了台灣——也很自然的發展起探勘石油的鑽井或採礦等，帶有一定經濟價值相關的工作項目。

中油在一九六〇年的十月底開始鑽起位於新竹竹東編號第二十四號的油井，鑽井的同時需要有鑽井液，也就是俗稱的泥漿，所以會在鑽井的鄰近地區尋找適合能製作泥漿的採礦地點。中油剛好在附近找到一九五〇年代初期就已經有台灣水泥公司來挖掘、而當時已經被台灣水泥公司所廢棄的地點，要來當成可以製作竹東二十四號井泥漿原料的採礦地。就在一九六一年的一月下旬，中油才準備好好的重新利用那已經被台灣水泥公司多年拿來製作了大量水泥的地點——也就是開採更多的礦來製作鑽井用的泥漿——沒想到一開始不久，就遇到了會延宕開挖工程進度的發現：不明的大型動物化石！

一開始發現並注意到這些看似不尋常石頭的是張南球，覺得不太對勁後就拿著兩、三塊小石頭去問竹東二十四號井駐地的地質學家：范玉來。范玉來跟著張南球到現場查看，意識到那一塊區域幾乎都散布著類似的碎塊，仔細的看著那斷面後，不只驚覺到這應該是動物的化石，提著木箱子沿途撿起、裝滿了好幾箱後，那可以連結起來的部分、看起來像是肋骨的結構也至少是以公尺爲單位來計算的——手中握著的應該是隸屬於好幾公尺起跳的大型動物。

范玉來也沒有遲疑太多，從竹東就帶著滿箱的化石碎骨前往中油位於苗栗的探勘處地質組，給當時主要的地質學家孟昭彝檢視。孟昭彝確認了箱子裡的標本應該是屬於大型的脊椎動物化石沒錯後，既驚訝又興奮，但也清楚認知到自己並不是研究大型脊椎動物化石的專業人員，不只不清楚這到底是隸屬於哪一類生物，對於該如何恰當的進行大規模開挖也感到遲疑。

孟昭彝在地質學界打滾多年，即使研究領域不是專精在古生物學，也大概知道有哪些研究人員對於古生物學有一定的涉獵或興趣。除了找中油內部的同事、專長爲「微體古生物研究」的黃敦友之外，也聯絡了像是台灣大學的馬廷英、林朝棨和師範大學的戈定邦等人，一起來討論該如何進行下一步。不意外的，大家想法很一致，認爲這個發現有著重大價值與意義，畢竟台灣本土有如此大型的脊椎動物化石，又有成群學術界裡的研究人員圍繞在一旁，保護著這台灣第一次在原地層中發現如此巨大的脊椎動物化石，可以想像著沉睡百萬年以上的遠古生物就要穿新衣、戴新帽，準備接受研究的洗禮，有著全新的、光鮮亮麗的裝扮來和世人見面了。

迷人的故事似乎總是一波三折——化石在野外被偷了！

決定要仔細的將這一個大發現好好挖掘出來，進而提供後續深入的研究工作——中油的成員如范玉來和黃敦友就開始替露出地表的化石骨頭們穿上外套，也就是打上石膏，才能在後續搬運過程中減低對化石本身的撞擊或任何外部碰撞傷害的可能性——但挖掘、包覆的工作還在持續進行中，一九六一年的五月五日星期五早上，范玉來如常回到挖掘現場時，驚覺周遭維護的設備被破壞、好不容易已經小心翼翼挖出土的部分化石標本們也消失了！

過了半個多世紀，這「盜墓」事件的犯人仍是逍遙法外——或許該說是一直以來也沒有人啓動正式追查，到底是誰偷走了當時由孟昭彝、范玉來等中油成員正在挖掘的大型動物化石標本？被盜走的化石至今下落也同樣是沒有任何的消息。

五月四日星期四，范玉來等人仍是在化石四周持續擴大挖掘的範圍、避免破壞到化石的時候，也仔細檢視有沒有更多露出的化石標本——意味著化石大盜只有一個晚上的時間能帶走部分化石。損失雖已無法彌補，但能慶幸的是，除了已經挖掘、裝箱的標本之外，腳底下還可以看得到的表層仍有不少完整的化石骨骼。

經歷了挖掘過程中被盜墓的事件，孟昭彝等人仍是持續、盡可能的將有發現的化石標本從野外裝箱，或打上石膏後帶回實驗室。不只如此，令人興奮的是，一九六一年也有參與挖掘工作的黃敦友，在一九六四年拿到當時行政院國家科學委員會的經費支持，前往日本東北大學從事微體古生物學的碩士論文研究工作——一九六五年仍在鑽研微體古生物學的領域時，藉由一九六一年所發現的化石，發表、命名了「台灣鯨魚」！

耐人尋味的是，黃敦友在命名台灣鯨魚時所列出的模式標本[1]只有一個右邊的耳骨，黃敦友也有參與，但主要應該是孟昭彝和范玉來等人主導的、一九六一年耗費多時的大規模挖掘中，陸陸續續露出或收集的化石標本好像都已經不存在了一

1 holotype，也就是想認識每一個被新建立的物種最為關鍵的標本。

樣。

模式標本在建立、確認一個全新的物種時，占有了幾乎是至高無上的地位——因爲不論是要再深入研究、或重新探討這新認定的生物，基本上都會需要回來重新檢視模式標本——尤其是古生物學的領域。因爲一般來說，能找到的標本、部位都極度有限，就好像我自己到現在所命名或修改過的八種新物種，或是目前手邊正在研究、很有可能是新物種的古生物，到現在也都只有這麼一件不完整的模式標本，來詮釋、解讀這物種在古生態環境或生命演化歷程之中所隱含的意義。

黃敦友在一九六五年所命名的台灣鯨魚，從孟昭彝、范玉來等人的線索看來，應該是不會只有一個右邊的耳骨。更有趣的是，黃敦友一九六五年原始的文章中還有簡略的提到有一小塊、疑似同爲台灣鯨魚的指骨（手指的骨頭），因爲是和耳骨自同一個地點發現的，但其他在孟昭彝的說詞，那些耗費大量心力、資源所保護（尤其在開挖期間被偷走一部分的化石標本）、挖掘的大型化石材料似乎都憑空消失，或是在黃敦友研究台灣鯨魚的過程中完全被忽略——或許原因該歸咎在黃敦友的專業仍是微體古生物學的領域，也就是基本上研究需要用到顯微鏡來檢視、小於一公釐的古生物們，而不是像鯨魚、恐龍一樣，光用肉眼就會讓我們驚豔的大型生物。

要從古生物中發現新的物種，即使是比我們人類身軀還要大的生物，當然沒有很容易，但其實也沒有想像中那麼困難——就好像在第一話裡有提到的，即使到了二十一世紀的現在，還是幾乎平均每一個禮拜左右就會有先前完全未知、新的中生代恐龍被發現、命名。但關鍵在於，留存並被發現下來的化石標本需要有一定的形態特徵，讓我們能透過形態的鑑定和分析，來確定眼前的化石材料到底是不是全新的物種，並且能提供先前藏在黑洞似的、未知謎題的線索。

台灣鯨魚的模式標本雖然只有在一九六五年被黃敦友指定一個右邊的耳骨，但鯨魚的耳骨其實隱藏著許多形態，能讓我們判斷特定的鯨魚類群或其演化歷史——第一話在台灣所發現的露脊鯨化石，到目前也就只有這麼一個左邊的耳骨！

鯨魚耳朵裡的骨頭對於認識鯨魚或了解鯨魚演化的歷程，究竟有多關鍵呢？

耳朵裡的三小聽骨、半規管、耳蝸等骨骼名稱和解剖構造，似乎都是許多人不陌生的名詞，和我們人類同樣歸屬於哺乳動物的鯨魚耳朵裡，也有著相對應的結構。以大家熟悉的三小聽骨爲出發點，往內部連結的骨骼爲「圍耳骨

（periotic）」，也就是鯨魚的半規管、耳蝸所在結構。沿著三小聽骨往外看的話，最外部的那一個小聽骨：鎚骨（malleus），所連接的是聽骨（tympanic bulla，或是不少人似乎偏好翻譯成「聽泡」）——不只台灣鯨魚的模式標本就是右邊的聽骨，或是第一話在台灣所發現露脊鯨的化石，目前也只有左邊的聽骨，聽骨特化的形態結構也是了解鯨魚起源那魔鬼裡的細節。

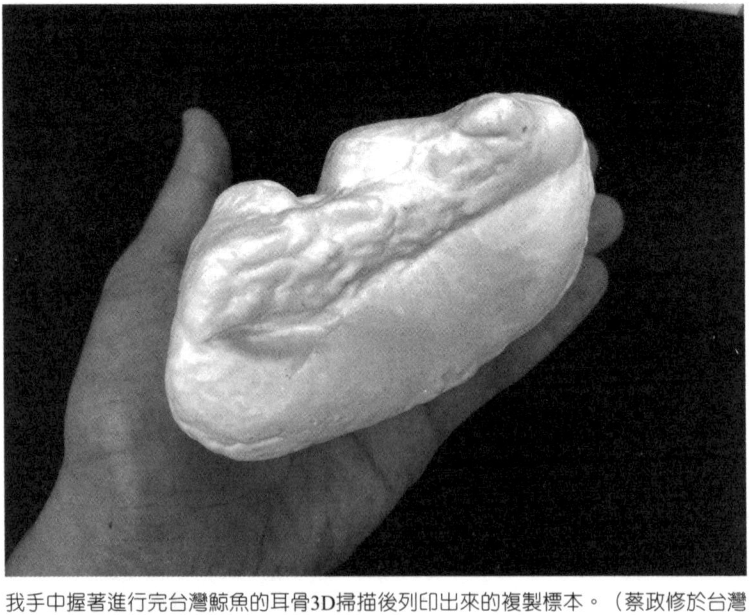

我手中握著進行完台灣鯨魚的耳骨3D掃描後列印出來的複製標本。（蔡政修於台灣大學古脊椎動物演化及多樣性實驗室拍攝）

從陸地走回海裡的鯨豚類生物

用四隻腳走在陸地上的陸生哺乳動物，一定不會是那大家腦海中、只優雅遨遊在水中的鯨魚嗎？身為哺乳動物的一個分支，從生命演化歷程來思考，現在生活在海裡的鯨豚們，一定是從陸地上走回海裡的——但這問題可以說是和恐龍從陸地上飛到了天空中一樣棘手——中國大陸地區近二十多年來，陸陸續續發現了許多有羽毛的恐龍，或是骨骼形態上，有著V字型、像迴力鏢形狀的許願骨（wishbone，或是解剖上的專有名詞為furcula——是左右兩邊鎖骨的癒合），清楚的將陸生恐龍形象拉到了在天空中翺翔的鳥類們。

現生鯨魚聽骨內側膨大的一個形態結構為「增生層（involucrum）」，在檢視過其他所有類群，包含了化石和現生哺乳動物後，都沒有這樣的特化形態，只有在鯨魚才會出現，也就是我們會認為這是鯨豚們的獨特形態特徵。換句話說，只要看到耳骨中的聽骨這一部分有著膨大的增生層，就能滿安心的判斷這個標本屬於一種鯨魚。更關鍵的是，因為增生層是聽骨增厚的結構，相當的堅硬，也就更容易在幾乎是中樂透頭獎的機率中形成化石，提高我們在大海撈針似的化石尋寶中發現、從而用研究工作替不能說話的化石們，說出那背後迷人的故事。

一九七〇、八〇年代時，美國古生物學家們橫跨太平洋，來到了印度、巴基斯坦一帶的「始新世（Eocene）」世界，探索那不太爲人所知、埋藏在喜馬拉雅山脊東邊，印度和巴基斯坦北部腳底下那大約四、五千萬年前遠古時代的脊椎動物化石，傾聽它們能跟我們講述出什麼原先未知的演化歷程——現在不少大、小朋友在介紹鯨魚演化的博物館展場中，看到的大約就是一隻不算大、約中型犬大小的「巴基鯨」復原模型，或是沒有看過展覽也大概聽過有巴基鯨這一號明星物種，就是由美國密西根大學的金格瑞契（P. D. Gingerich）團隊在一九八一年命名、一九八三年發表在《*Science*》的研究續集，把被壓在喜馬拉雅山脊下，那還能在陸地上奔跑、但一路走回水裡的巴基鯨和其同伴們，帶到了全球演化生物學研究圈的鎂光燈下。

鯨魚頭骨裡，關於耳朵聽骨那增厚的增生層，就是能將著名的，主要仍生活在陸地上的「巴基鯨」、開始水陸兩棲的「陸行鯨」、到現生能超過三十公尺且沒有牙齒的「藍鯨」一路串連起來，亦是深埋在全世界最高聳的喜馬拉雅山山腳下的關鍵形態。但故事說到這裡，還沒有能像恐龍跟鳥類這兩個許多人一般認知爲完全不同類群的生物一樣，可以將鯨魚和陸生哺乳動物串接起來。因爲巴基鯨或陸行鯨等物種，即使是能在陸地上奔跑，我們都還是清楚的將牠們歸類在「鯨魚」這一類生物裡——沿著聽骨增生層這一個線索，爲了打破鯨魚和其他陸生哺乳動物的形態界線，我們探索到來自同樣被鎮壓在喜馬拉雅山下、回到印度喀什米爾地區距今五千多萬年前的時光，在半個世紀前就已經被發現和命名的「印度原豬（*Indohyus*）」。

印度原豬在一九七一年被命名時和之後幾十年的光陰，幾乎沒有受到太大的重視，一來是化石標本不夠完整、難以進一步深入討論其古生態和演化上的意義，二來大概是因爲五千萬年前左右的始新世其實有不少的偶蹄類物種，多了一個有點像豬一樣的偶蹄類生物，也不意外沒有引起太多人的興奮之情，但這一切就在一夕之間讓人改觀。主導著印度和巴基斯坦北部一帶、喜馬拉雅山下的遠古祕密，除了命名了巴基鯨的金格瑞契團隊之外，師從金格瑞契、於密西根大學拿到博士學位的泰維生（J. G. M. Thewissen），一九九三年正式在東北俄亥俄醫學大學建立起自己的實驗室及研究團隊後，持續著早期鯨魚演化的研究工作——泰維生等人二〇〇七年在《*Nature*》發表了相當完整的印度原豬標本，第一次在「非」鯨魚的聽骨上可以檢視到有增生層的結構——清楚的將海裡遨遊的鯨魚連結到陸地奔跑的鯨魚，再延伸到陸上像豬的偶蹄類，就像恐龍都不恐龍了，現在，鯨魚也不鯨魚了。

光是聽骨的增生層這單一個形態特徵，就能講述出鯨魚在五千多萬年前從陸生哺乳動物到走進海裡，一路占據了可達全球三分之二表面積以上的海洋生態系，聽起來好像很神奇，但回過頭來想一想，光是中生代的恐龍們有羽毛這一回事，我們不也就可以很有信心的想像中生代時還在陸地上奔跑的恐龍們是如何振翅起飛、進而開拓了一番全新的局面，躲過了生命歷史中第五次的大滅絕事件，直到現在仍是有哺乳動物兩倍左右的多樣性（現生哺乳動物大約有五、六千種，但現生的鳥類恐龍有一萬種左右——即使是現生物種的多樣性也是很動態的，每年都會有新的物種被發現、命名，或是也會有已知的物種滅絕）。

深入檢視的話，一個部位或一個形態，其實又可以細分出不同的樣貌，或關係到周圍許多的結構。鯨魚的聽骨或恐龍的羽毛也沒有例外，畢竟，如果只是看起來很像，但事實上並不能、或不適合拿來比較的話，得出的結論都會大有問題——大概就好像無法拿前任男女朋友來和現任的男女朋友比較？「同源（homology）」的概念才能來回答像是我們在印度原豬身上看到的聽骨增生層，到底和巴基鯨或藍鯨的增生層是不是同一個來源，或是中生代恐龍的羽毛和新生代鳥類的羽毛是不是真的有著一脈相傳的歷史。如果不是同源的話，整套論述都會像是沒有根基的高樓大廈，隨時會傾塌、完全站不住腳。

了解生物演化中相當關鍵的「同源」這一個概念，其實可以說是早在兩千多年前的亞里斯多德就已經注意到了，但真的有系統的開始應用進當代生物學研究的架構中要到十九世紀，著名的解剖學家、也是建立了恐龍這一個分類群的歐文在一八四三年給了在生物結構、形態上的定義，達爾文在一八五九年的《物種起源》中賦予了同源在演化上的根本意義後，像是脊椎動物中魚類和鯨豚的鰭、貓和狗的前肢、鳥類和蝙蝠的翅膀、暴龍和人類的手等形態及功能多樣性，自然就能放進生命歷程的同源天書裡。

同源這件事，有時候看來很直覺、但有時候卻又不是那麼的單純。不論是常被拿來當例子的脊椎動物前肢——也就是我正在打字所使用的手，或大家正在拿著這本書的手，或是鯨魚的聽骨增生層、恐龍和鳥類的羽毛等，其實都是需要有大量證據來支持其背後的論述——除了骨骼之外，現生生物還能有分子層級或是生長發育等的證據，但對於已經滅絕的古生物來講，化石基本上就是最重要的證據。

追查台灣鯨魚化石標本的蹤跡

繞了一小圈，回到台灣鯨魚。台灣鯨魚的模式標本，也就是目前所有能得知台灣鯨魚身世之謎的證據只有一個右邊耳骨的聽骨部分，從前面關於鯨魚演化的脈絡看來，雖然只有一個聽骨，也確實能提供一些關鍵的線索——但如果有更多的化石標本或台灣鯨魚其他所留存下來的部位，當然能提供更多證據，也能讓我們更深入的解讀台灣鯨魚到底是和哪一類的鯨魚有同源、或親近的關係，又或者以台灣的角度來講，台灣鯨魚這被命名爲只有在台灣出現的獨特物種，到底我們該怎麼去看待、又代表了什麼樣的意涵。

當時中油公司的孟昭彝和范玉來等人在針對台灣鯨魚的挖掘過程描述中，清楚的交代了有大量的大型化石露出在地表，在緩慢、耗時的挖掘工作中，雖然五月初的時候有部分標本被不名人士竊取，而這一部分也不意外的，到目前完全不知去向。但在一九六一年一月初發現有此大型動物化石後，陸陸續續也收集了好幾箱的標本，再加上標本有被「盜墓」的價值，當時負責的孟昭彝又加強了其周圍的戒備和挖掘的力道，能想像在五月初的盜墓事件後，又在原地挖掘、保存了不少化石標本帶回當時中油的實驗室。

但這一批標本，除了黃敦友在一九六五年所使用的一個右邊耳骨和一小塊沒有交代清楚、疑似爲指骨的化石，還有相隔十一年後，黃敦友在一九七六年寫了一篇簡短的文章，記載了在清修當時一九六一年所挖掘的大量化石標本裡，發現了左邊的耳骨化石，認爲應該是和一九六五年所指定的台灣鯨魚右邊耳骨的模式標本爲同一隻鯨魚個體的左耳之外（這兩邊的耳骨都只有十公分左右的長度）——其他在挖掘現場時以公尺爲單位計算的化石標本，卻從此沒有任何下落，似乎也沒有人還記得它們的存在。這能輕易超過十公尺以上的台灣鯨魚應該是截至目前爲止，在台灣所被發現過最大型的特有種脊椎動物，就好像沒有存在過一樣，被封存在生命的歷史長河中——更令人難過的是，台灣鯨魚右邊耳骨的模式標本和十一年後所發現的左邊耳骨，全都已經魂飛魄散，沒有人知道其確切蹤跡。

身爲有著濃厚歷史屬性的古生物學家，我個人的興趣和工作內容，基本上就是想要將那似乎已經被人們遺忘，或是在生命歷史洪流之中被洗得面目全非的生命形式，一一藉由扎實的、偵探式的研究工作找回其迷人面貌後，重新復原和裝扮，再將那引人入勝的故事傳達給更多人知道——話當然都很容易可以說得漂亮，但現實常常都不是盡如人意。

台灣鯨魚在一九六五年就被發表和命名了，所以我在將近四十年後的二〇〇四年決定要投入古生物學的研究工作後，尋找、收集、閱讀相關的文獻資料，或到野外地點敲敲打打挖化石，或沉浸在收藏庫裡檢視化石標本等，就已經注意到了台灣在至少二、三百萬年前的上新世（Pliocene）就曾經出現的鯨魚，被命名爲獨特的台灣鯨魚——一心想要目睹其眞面貌，也就是當時被指定爲模式標本的右邊耳骨，但卻意識到不只黃敦友所發表的化石都不見，也沒有人知道它們身在何處。那批原先由孟昭彝等人所辛辛苦苦保護、一點一滴挖掘的大量標本全都人間蒸發似的消失——即使我聯絡中油公司也是完全一無所獲，根本沒有人知道有這回事，當然也就沒有人在照顧當時由中油公司的孟昭彝、黃敦友等人所發現的台灣遠古特有種：台灣鯨魚。

偵探式的小說或電影中的情節，新的關鍵線索似乎總是會在看似沒有相關的事件中浮現出來。台灣鯨魚這已經被人們忘得差不多的鯨魚仍懸掛在我的心頭上，但看似沒有任何方向可以持續追查，也就只能先擱置在一旁——完成紐西蘭奧塔哥大學的入學，順利拿到紐西蘭所提供的全額獎學金，並在二〇一二年初飛到紐西蘭後，我的研究對象和領域主要都以紐西蘭所發現的鯨魚化石，和世界各地博物館所典藏的標本，來試著理解鯨魚大尺度的演化歷程。

隔了一年左右，在二〇一三年初的時候，我打著可以順便回台灣一趟的如意算盤，到了日本參加日本古生物學會所舉辦的古生物研討會，並做一個口頭報告讓其他古生物學家們知道我在紐西蘭的研究進度，也一起到日本的國立自然科學博物館檢視相關的骨骼和化石標本——二〇一二年底我在紐西蘭開始寫信給日本的研究人員，聯絡和討論我二〇一三年初到日本的研究行程規畫時，其中當然也包含了日本國立自然科學博物館，主要負責海洋哺乳動物化石的資深研究員——甲能直樹（Naoki Kohno）。

和甲能直樹接洽前，心裡最大的掛念，當然是希望能檢視到和當時我在紐西蘭的研究主題有最相關的標本們，畢竟時間有限，一定要在不長的出差額度內完成預期的研究進度。但畢竟台灣在日治時期、甚至是二次大戰結束後的數十年來，大型古生物學的研究工作基本上都是來自日本的古生物學家在主導，不只如此，還有相當程度的化石標本典藏在日本的收藏庫裡——所以也就很自然的盤算著，希望能挪出一點時間來檢視早期在台灣發現、但收藏在日本國立自然科學博物館裡的化石標本——除此之外，我當時其實也已經知道台灣鯨魚的模式標本，也就是那右邊耳骨應該有複製品收藏在日本的國立自然科學博物館——不是眞正的化石，因爲原始的化石標本仍是下落不明，但能夠檢視複製標本、詳細的觀察其形態，對我來說就是一個很大的進展了。

寫了第一封信寄出給甲能直樹後，無法預期能很快或一定會收到回覆，就好像追尋著台灣鯨魚的下落一樣，沒有線索時，也就只能先「半途而廢」，手邊其他的日常工作或研究進度，像是清修化石、閱讀文獻、撰寫論文等，還是得要持續進行。話雖如此，畢竟每天打開電腦收電子郵件或到系上的收信櫃時，還是會期待有新的回覆進來。

等了剛好兩個禮拜，可以理解像是甲能直樹這樣在日本國立自然科學博物館的資深研究人員，每天大概都會有不少研究在進行、或是大大小小的會議要參加等，所以大概沒有時間回覆我的信件，或是剛好沒有注意到，又或是被系統歸類到垃圾郵件當中而無法抵達之類的。星期一早上，一如往常的從家裡散步到學校大約四、五十分鐘的路程中，思索著這一陣子的研究進展，也規畫著當天和接下來的一些工作內容與時間分配，大約六點出頭進到實驗室後，先沖好一壺咖啡，等福代斯來學校一起聊聊最近的研究和生活大小事，自己先倒一小杯咖啡，端到位置前，準備再重新寫一封信給甲能直樹。

令人興奮的是，這次不用再等兩個禮拜。我當天早上六點半左右寄出信件後，就在要和福代斯及實驗室的大家一起準備到校園草地上吃午餐前，就收到了來自甲能直樹的回覆——他不只歡迎我二〇一三年初前往已經搬遷到筑波、而非東京的日本國立自然科學博物館研究中心去檢視相關化石標本，甲能直樹還跟我提到他們的收藏庫裡其實還有一些沒有太多資訊、但標示著應該是一九六〇年代初在台灣所發現的化石標本！

重新檢視化石的意義與價值

一不小心，整個故事好像就快要可以兜湊起來了。一九六一年初由中油的范玉來發現，並由當時在探鑽竹東二十四號井的主要地質學家孟昭彝主導後開始挖掘的大型動物化石，在一點一滴的野外收集、用石膏將化石打包回實驗室，並且和台灣各地可能對於古生物有一定了解的相關研究人員聯絡後，意識到當時的台灣並沒有古脊椎動物學家或是相關人士，眞的能夠好好將如此巨大的遠古生物進行深入研究、分析，因此可能很自然的就將全部、或部分的化石標本寄送到日本國立自然科學博物館，畢竟日本從十九世紀就已經開始在耕耘古生物學的研究領域，日本全國性的古生物學會也在一九三五年正式成立。

當時已經在中油工作，也有參與一九六一年化石挖掘、剛好在一九六四年拿到政府經費補助的黃敦友，也能夠持續支領中油所發放的薪水，到日本東北大學從事微體古生物學相關碩、博士研究工作。黃敦友即使專長不是大型古脊椎動物，但也多少能沾上邊，大概就很順其自然得到當時東北大學指導教授畑井小虎（Kotora Hatai）的支持與鼓勵，以及日本其他人士的幫忙；像是一九六五年出版的台灣鯨魚命名時所用的圖片，應該就是日本當時的同事幫忙拍攝的。

抱著超級興奮的心情，時間終於來到二〇一三年的年初，要進入日本國立自然科學博物館的收藏庫裡檢視那應該是中油孟昭彝等人，在一九六一年開始挖掘、保存後，並寄送到日本的那一批失落的大型鯨魚化石標本——已經挖掘了超過半個世紀，從我開始試著追查的時間也已經大約有十年左右的光陰。能親眼看到一部分，就數量看起來並不會是全部、但應該就是當時所挖掘的化石，並且還被包覆在圍岩當中，沒有完全清修出來的標本；除此之外，也有那模式標本耳骨的複製標本和更多先前完全沒有在黃敦友的發表文章中出現的、但應該也是同一批台灣鯨魚的複製標本，當下那內心的感動，眞的是帶出一股無法輕易用言語來表達的衝擊，而來到日本想要檢視和自己博士論文研究相關的主題，也在一瞬間似乎被拋到了天邊一樣。

台灣鯨魚的「正身」到底是怎麼一回事，當然不會在日本一眼看到那成箱裡還有未清修的化石，和當時一部分的複製標本就被解決了——迷人的是，在親自檢視了殘留的部分化石和複製品後，意識到那台灣鯨魚不只有可以深入探討的意義和價值，原先一開始命名的分類地位都需要被重新檢討，因爲那差異大概就好像是將人類和黑猩猩給搞錯——但要重新正名、證明，也需要後續的心力和經費投入。

短暫停留並無法完成太多研究工作，太貪心的話，大概只會本末倒置。花了點時間檢視台灣鯨魚相關的材料，和負責的甲能直樹談一些接下來的研究可能性和規畫後，我還是拍拍自己臉頰，重新清醒來面對原先預定該完成、有研究進度壓力的博士論文。回到紐西蘭後，順利在二〇一五年完成整本的博士論文研究，碰巧的是——甲能直樹就是我的論文審查委員之一！順利在紐西蘭拿到博士學位，和甲能直樹也有一些研究合作的規畫，深入的詳談並且撰寫了清楚、有趣的研究計畫書後，很開心的拿到日本政府所提供的研究經費，我下一步就是來到日本的國立自然科學博物館從事博士後的研究工作。

二〇一五年十月正式搬到日本筑波，我開始在日本國立自然科學博物館和甲能直樹共事。台灣鯨魚的標本們就已經不再是我需要千里迢迢跑到日本才能檢視的研究材料，而是我從五樓的研究室走下樓梯到三樓、穿過不到五十公尺的長廊和一小段空中走道、進到收藏庫的大樓，再往上走一層樓梯到四樓就能檢視到的化石標

日本科博館的古生物學家甲能直樹和當時在六〇年代從台灣運到日本的化石標本。（蔡政修於日本的國立自然科學博物館拍攝）

本——甲能直樹和我一起規畫與進行的台灣鯨魚清修、翻案的研究工作已經有了部分成果，目前也正在著手撰寫研究論文好來投稿到古生物領域的國際期刊，正式的重新揭開其迷人面紗，讓大家知道不只是中華白海豚會轉彎，在地質年代消失了兩、三百萬年以上，在台灣歷史紀錄消失了半個世紀以上的台灣鯨魚，不只會轉個彎繞回我們現在所生活的當下，其背後所隱含的科學價值，也能重新改寫部分我們對於鯨魚演化歷史的認知！

參考書目&延伸閱讀

* Huang, T. 1965. A new species of a whale tympanic bone from Taiwan, China. *Transactions and Proceedings of the Paleontological Society of Japan* 61:183-187.
* Huang, T. 1976. Second discovery of a whale tympanic bone from Taiwan, China. *Petroleum Geology of Taiwan* 13:193-199.
命名「台灣鯨魚」（學名爲*Balaenoptera taiwanica*）的原始研究文章就是

一九六五年這一篇。一九七六年的研究文章是發現了台灣鯨魚另一件的化石標本，而這就是截至目前爲止僅有的兩篇關於台灣鯨魚的第一手研究文章。

* Tsai, C.-H., Fordyce, R. E., Chang, C. H., and Lin, L. K. 2013. A review and status of fossil cetacean research in Taiwan. *Taiwan Journal of Biodiversity* 15(2):1113-124.

* 蔡政修，〈正港的MIT鯨魚・台灣鯨魚〉「環境資訊中心」・https://e-info.org.tw/node/101863，二〇一四年。

* 蔡政修，〈追尋臺灣大型「古」生物之旅〉，《科學月刊》第五十卷第三期，二〇一九年，頁四十—四十五。

這三篇文章都有針對台灣鯨魚進行部分的介紹，包含了台灣鯨魚的發現歷史和近期的部分研究進展。目前針對長期典藏在日本國立自然科學博物館、但不爲人所知的台灣鯨魚標本也有更多新的研究成果，預計再接下來一兩年內會有相關的研究成果發表。

* Gingerich, P. D., Wells, N. A., Russell, D. E, and Shah, S. M. I. 1983. Origin of whales in epicontinental remnant seas: new evidence from the Early Eocene of Pakistan. *Science* 220:403-406.

* Gingerich, P. D., Haq, M. U., Zalmout, I. S., Khan, I. H., and Malkani, M. S. 2001. Origin of whales from early artiodactyls: hands and feet of Eocene Protocetidae from Pakistan. *Science* 293:2239-2242.

* Thewissen, J. G. M., Cooper, L. N., Clementz, M. T., Bajpai, S., and Tiwari, B. N. 2007. Whales originated from aquatic artiodactyls in the Eocene epoch of India. *Nature* 450:1190-1194.

上述這三篇也都是了解鯨魚從陸域哺乳動物一路演化成完全水生的哺乳動物的關鍵研究成果——清楚的確認了鯨豚和陸域哺乳動物的連結、進一步知道是從偶蹄類（如現生的牛、豬、河馬等）演化而來，甚至是跟*Indohyus*這一類滅絕的偶蹄類親緣關係最接近，因爲就形態特徵而言，將*Indohyus*歸類爲鯨豚也不奇怪。

【第四話】

早坂犀牛
——轟動一時、但已經過時的明星物種？

早坂犀牛、或已被改名為早坂島犀的全身骨骼復原。
（蔡政修於台北的台灣博物館拍攝）

「哇，這是中國犀牛早坂亞種被命名時的原始標本之一！不只如此，這大概是最沒有機會重新被發現的那一個化石標本！」

還清楚記得這是二〇二〇年五月十四日那天大約下午三點出頭左右的時刻，在我自己內心的大聲吶喊。經由台南市左鎮化石園區郭秋妙的協助，讓我有機會進去臨時收藏庫中尋找、檢視該化石園區所典藏的標本們。確認此標本的那一瞬間——超希望這個發現可以立即說給全世界的人知道。我一個人躲在化石園區的收藏庫中，目不轉睛盯著這一個當我開始準備重整這曾經轟動一時、但卻似乎有點落寞的「犀望」計畫前，認爲最不可能找到的原始標本——因爲這件化石是一九八四年被正式發表時，唯一一件收藏在私人手中的化石標本。

我腦海中的思緒將時間拉回到將近半個世紀前的一九七一年。

早坂一郎與「化石爺爺」陳春木

當時的一個中學生「陳世卿」和其小學生的胞弟「陳世明」正在放牛吃草、走到台南左鎮地區的三重溪旁休息時，隨意的往地上一看，竟然發現了一整排牙齒！不用擔心，不是有人被毀屍滅跡、埋在土裡後，不小心露出來的牙齒，而是光是一個牙齒就已經大到很難塞進我們人類口中的一整排犀牛牙齒——不過，要能更清楚的理解整個故事全貌，我們要再走回更早一點的時間點，也就是台灣的日治時期階段。

在這之前，如果是照著書中章節安排一路閱讀下來的讀者，大概會想起上一話台灣鯨魚的挖掘故事是在更早、十年前的一九六一年，而且是由可以算是研究人員所發現的化石標本，到頭來不只流落各地，並且大部分的原始化石可能已經遺失，甚至在這超過半個世紀以來，幾乎沒有被重視過——至少和我們在這一話想要談論的、在台南所發現的犀牛物種一相比，用恐龍的知名度來類比的話，台南的犀牛大概就好像是在美國所發現的暴龍（幾乎達到了無人不知的境界），但新竹的台灣鯨魚或許就像是一開始在英國出土的巨龍（*Megalosaurus*，或是也常被翻譯為「斑龍」。在國外算是滿知名的，但在台灣大概知道的人不多？或至少不像暴龍如此深入人心）。

台南所發現的犀牛化石知名度和暴龍當然是天差地遠，但如果翻開一九七〇年代初期的報章雜誌，其實有著爲數不少的報導大肆宣傳由陳世卿、陳世明兄弟在無意中所遇見、沉睡在我們腳底下，數十萬年前曾經漫步在現今爲台南左鎮地區的野生犀牛。不過，更有趣的是，不只在幾乎半個世紀前一開始發現時吸引了媒體注意，即使到進入了二十一世紀這段約莫二十年左右的時光，三不五時都還是會看到由私人、或甚至是台南地方政府發出的宣傳口號：「早坂犀牛回娘家」——意味當時所發現，從而進一步挖掘出來、完整度也不低的犀牛化石不在台南，而是流落他鄉？

以地質年代、沉積環境等因素來考量，台灣從北到南都有機會、而且也確實陸陸續續有了不少大型古生物的發現。雖然深入的研究工作仍是相對缺乏，換個角度來思考，也就是仍有相當大的空間可以來發揮。而從行政上的縣市劃分來看，台南或許可以說是目前少數、或甚至是唯一會在意當地所發現的化石紀錄——從台南市政府會發出新聞稿來呼籲讓半個世紀前所發現的犀牛化石回娘家，我想就是一個滿明顯的佐證。同樣的換句話說，那爲什麼一開始在台南所發現、也轟動一時的犀牛會搞到「離家出走」，也長期以來讓人不知道其歸屬呢？讓我們試著來一一釐清那歷史脈絡和發展歷程。

大型古生物在台灣正式開啓了系統性的研究，也與台灣近代發展相似，都和號稱爲「古都」的台南有著密切的關係——只是我們古生物們的年代，要推回到還沒有現代人的數十萬到百萬年以上的時間尺度——所以應該可以說是「超級古都」？

台北帝國大學（現今台灣大學）創校的一九二八年，就有研究範圍也涵蓋了大型古生物、任職於理農學部的地質學講座教授：早坂一郎。日本從十九世紀下半葉開始的明治維新，打著所謂脫亞入歐的口號，就一點一滴的吸收了歐美各國精華——科學研究的精神、背後所隱含的意義和價值。我想，那就是很重要的關鍵之一，而這其中，日本也就發展出了近代、有系統性的古生物學研究工作。在這樣的背景下，早坂一郎來到台灣、擔任台北帝國大學教授，也當然很自然的開始探索台灣所蘊涵的「古」生物多樣性。而故事陳述的力量和重要性，可以完全改變我們如何理解其發展的軌跡——早坂一郎在台南左鎭尋找化石、探索古生物的歷史就是一個很不錯的例子。

早坂一郎在一九三一年來到台南左鎭的菜寮，沿著當地的溪流：菜寮溪探勘地質和尋找古生物的蹤跡——發現了三、四個鹿角的化石。不完整的幾件鹿角化石，聽起來似乎很難特別令人興奮、保存狀態也不怎麼起眼，但早坂一郎心裡清楚的知道，光是這樣簡單、輕鬆的在溪邊「散個步」，就能有幾件化石的收穫，意味著這地區蘊藏著相當程度、豐富化石的可能性！

繞了菜寮溪一圈、回到菜寮的保甲事務所，早坂一郎知道自己不可能長時間待在這邊採集化石，畢竟主要的工作場所是在「百」里迢迢的台北帝國大學，交通方式又沒有像我們現在二十一世紀的台灣如此便利，所以就請當時職位爲保甲書記的陳春木，在菜寮溪流域這附近一帶行走時，留意並收集這一些看起來像石頭，但有著生物形態、構造的化石；如果有任何可疑的發現，都可以轉交給當時左鎮公學校（現今的小學）的瀨戶口盛重，再郵寄到台北給早坂一郎進行後續的確認和深入研究工作。

陳春木從三〇年代初期有早坂一郎引領的契機下，可以說是一路直到二十一世紀、過世前的二〇〇二年（一九一〇年出生，享壽九十二歲），都持續投入台南左鎮地區的化石採集和推廣，也因此在當地被譽爲「化石爺爺」。陳春木長期以來一點一滴累積成果，讓台南左鎮一帶的化石資源有機會轉換爲後續深入的古生物研究，在貢獻度上確實是其他人難以媲美——但所謂的萬事起頭難，如果將故事的開頭換個說法，讓陳春木從原先是被早坂一郎交託來尋找化石，轉變爲陳春木先找到不明的化石標本，然後請左鎮公學校的瀨戶口盛重寄給早坂一郎，才引起早坂一郎對於台南左鎮地區化石的注意和後續研究工作——就不免有喧賓奪主的意味在了。

九〇年代初期，也大約就是陳春木已經高齡八十歲出頭，在台南左鎮「化石爺」的身分和地位，可以說是相當穩固、無法撼動。也就不訝異會有記者來採訪陳春木之後，將其故事偷天換日似的更改成像是：回到三〇年代初的日治時期，陳春木在菜寮溪流域一帶發現不明「石頭」，經由瀨戶口盛重寄給台北帝國大學的早坂一郎後，才引起早坂一郎的興趣和後續台南左鎮地區的古生物研究——陳春木不只從配角的身分晉升爲主角，還帶了點陳春木化身爲台南、甚至是台灣古生物發展先知的意味。

歷史的陳述或解讀，也就好像早坂一郎和陳春木在台南尋找化石的合作關係，如果有心人士刻意的加油添醋，或是稍微在一些小細節上動了點手腳——畢竟大多數人很難有心思去了解、細讀那背後的第一手確切資訊——很有可能就會完全更改了我們的世界觀，也因此會影響我們如何看待、規畫未來的發展。和從事研究工作有異曲同工之妙，因爲持續、深入的探索未知時，常常會有顛覆先前認知的發現，就好像我們前面所提到，許多人在心理層面仍是難以接受的——恐龍並沒有滅絕，我們每天都還在看著恐龍飛、吃著恐龍肉，不只如此，台灣也有許多特有種恐龍——拿出自己錢包裡的千元大鈔就能看到台灣特有恐龍之一：台灣帝雉。換句話說，台灣能發展出恐龍演化相關研究的空間還大得很，研究恐龍並不是只有國外的專利。

重返數十萬年前「犀牛命案現場」！

回來台南左鎮的場景。早坂一郎將化石、古生物研究的概念在將近一個世紀前帶進台南，也剛好找到了一位願意長時間投入，默默持續到菜寮溪尋找、採集化石的陳春木——二次大戰在一九四五年結束後，早坂一郎在台灣多待了四年，於一九四九年結束在台北帝國大學二十一年的教學和研究生涯，搬回日本——但陳春木這顆早坂一郎於十幾年前不小心所撒下的化石種子，不只成長、茁壯為「化石爺爺」，也在後續的數十年間，不知不覺讓更多當地民眾培養出一定的化石敏感度，或激起部分人士對於化石的興趣和好奇心，從而開始長期、有系統性的化石收集。

有了這樣的時代背景，即使陳世卿、陳世明這對兄弟在一九七一年的時候分別仍是中、小學生，也只是輕鬆的在家裡附近菜寮溪的三重溪段放牛吃草，卻不經意在地面上看到了有整排牙齒形狀的不明物體，他們一點都不驚訝，也能知道那應該就是化石——畢竟台南左鎮菜寮地區那一帶長期深受陳春木影響，幾乎當地的大多數人除了認知到菜寮溪確實有著數量可觀的大型動物化石，也都實際看過、摸過化石。

隔了將近五十年，我在二〇二〇年中的時候到陳世卿、陳世明兄弟的家裡拜訪，他們仍是住在小時候的家中，雖然有了發現轟動一時的犀牛化石紀錄，後續他們也並無投入到古生物研究或相關的工作領域——但仍是能清楚的跟我指出當時他們是在哪裡「撞見」了那沉睡在菜寮溪流域數十萬年的犀牛。即使是將近半個世紀前的往事，聽著他們回想起當時的畫面，描述著那後續的開挖工作幾乎像是一個當地、甚至可以說是台灣的古生物大慶典似的場景，再對照著當下的現況，幾乎沒有人知道當時所挖掘出來的犀牛化石到底身在何處，讓我只能隱忍著大型古生物化石長期在台灣不被重視的傷感表情，三不五時點個頭，或稍微附和陳世卿、陳世明兄弟的往事回憶。

陳世卿、陳世明兄弟一發現腳底下有整排的牙齒後，除了知道那應該就是化石之外，心中也預期這個發現應該能讓他們有點零用金收入。換句話說，也就是可以賣給當地有意願會付出一定價格的化石收藏家，就好像在第一話所提到的，從澎湖海域中打撈上岸的化石，自從有化石愛好人士願意出價跟漁民購買後，人類社會中的經濟活動要素：供給與需求，就自然成立了——而當時台南左鎮菜寮的化石「交易」，也算是行之有年，仍是中、小學生的陳世卿、陳世明兄弟也沒有預期能就此發大財，但手上的犀牛化石，應該是足夠讓他們買點想吃的零食或是其他一些小玩具。

潘常武——一名重要的、帶點傳奇色彩，但又不太爲人所知的民間化石收藏家，就有意願要向陳世卿、陳世明兄弟收購他們手上的犀牛牙齒化石。菜寮溪沿岸的化石大多數都是暴露在溪邊、看起來已經滾了一小段距離，換句話說，也就是基本上都不是保存在原始地層，保留了更多的資訊，能讓我們更鎖定其出現的地質層位，從而進一步探討遠古時期所生活的氣候、環境狀況等。一九七一年的潘常武已經是名將近四十歲、有著相當經驗值的「業餘」，但又有一定程度的「專業」古生物學家。看了化石後，根據化石周圍的部分圍岩，立刻判斷這犀牛化石是從原地層，也就是陳世卿、陳世明兄弟應該曾稍微在地面上敲敲打打、花了些時間才挖出來，而不是像大部分的情況一樣，可以直接輕鬆撿起的化石。

心中有了這樣的推測，也和陳世卿、陳世明兄弟確認後，潘常武就要求兩兄弟帶他直接到他們發現、並且稍做挖掘的台南左鎮菜寮地區數十萬年前的「犀牛命案現場」。當時的台南不只有陳春木和潘常武，還有其他願意投入一定時間、資源的化石愛好人士，像是郭德鈴、蘇木樹等人。潘常武知道，也確認了難得的、可能有機會可以在原地點從事大型古生物開挖的工作後，便很興奮的通知陳春木、郭德鈴、蘇木樹等當地化石圈的朋友們來共襄可能的古生物盛舉。來到菜寮溪的三重溪段，也就是距離陳世卿、陳世明兄弟家不遠的溪邊，勘查了已經有犀牛牙齒露出的地點，都一致認爲就在大家腳下所踩、所圍繞住的那一個區間底下應該還有更多，甚至可能屬於同一隻犀牛的化石。

下一步很清楚了——就是要來規畫，並且開始進行初步的挖掘工作！

十一月中、下旬，已經算是進入了秋冬季節，即使在台南仍是驚人的豔陽高照，但也曬不退眾人想要光天化日之下來「盜」這可能埋藏數十萬年犀牛墳墓的意願。在那十年前的一九六一年於新竹竹東、主要由中油的研究人員所開挖的「台灣鯨魚」（第三話），算是在台灣近代大型古生物研究歷史中第一次正式、大規模的化石挖掘，但這次在台南左鎮所帶領的潘常武與陳春木等人看來也不清楚、不知道這一部分歷史，而似乎有很大一部分是抱持自己當下在台南左鎮菜寮的挖掘工作，將是替台灣大型古生物研究寫下嶄新一頁歷史的心態——所有人不只興致勃勃，從長期以來在台南所收集到的化石數量來判斷，也應該懷有勢在必得的想法。

搭起了簡易型的戶外屋篷後，除了參與挖掘的工作人員之外，菜寮地區的部分民眾也來到現場，想要親眼目睹到底從大家長期所踩的腳底下，能挖出什麼黃金、寶藏出來。挖掘人員們各自拿起自己的大鐽子或鋤頭奮力往下挖，或是有人拿著水桶在菜寮溪裡取水後，將地面潤濕，讓挖掘工作能夠更輕易的往下進行——主要集中挖掘的那五、六平方公尺的區域，還挖不到一公尺深度，也用不到半天時光，第一塊貨眞價實，也應該同樣屬於原先一開始由陳世卿、陳世明兄弟所發現的更多犀牛化石，就眞的這樣被挖到了！

能在原地層中挖掘到化石，如果沒有眞的曾經在一片看似荒蕪的野外待過，花過一段時間去試著尋找、挖掘化石的經驗，我想還是很難體會發現化石的那個當下，或後續餘韻繚繞的那種興奮、久久不能自已的感受。用個大多數人或許比較熟悉的機率例子來解釋，台灣目前所發行的樂透彩券頭獎機率，大約是威力彩爲兩千兩百萬分之一、大樂透約爲一千四百萬分之一——而許多人都不陌生的「始祖鳥」，到現在總共發現了十二件的化石骨骼標本——利用始祖鳥當時出現在中生代侏羅紀生存的時間長度和可能的數量來換算，我們找到始祖鳥化石的機率大約是兩億分之一！

十二件始祖鳥的標本，估算起來也才只有兩億分之一的機會。但要注意的是，在古生物的研究工作中，幾乎大多數的物種都只有被發現、命名時的那唯一標本——也就是模式標本的存在。就好像我自己到現在參與過的新屬新種的大型生物命名，目前全部都同樣只有那麼單一一件模式標本是爲人所知。如果用始祖鳥化石骨骼發現的機率來計算的話，這些化石的「中獎機率」低到二十四億分之一——換句話說，也就是比台灣目前的威力彩中頭獎機率還要低一百倍以上。

有了第一塊化石的激勵，挖掘團隊興奮的持續加深、加廣來試著發現更多可能屬於同一隻犀牛個體的化石標本。接下來的成果也沒有讓大家失望，保存較大的骨頭——可能為前腳的肱骨、後腳的股骨、肋骨、更多的牙齒，或是較破碎、不完整的化石骨骼也都在後續的挖掘工作一一出現——自從早坂一郎一九三一年來到左鎮菜寮一帶撿到了幾塊化石，請陳春木去菜寮溪挑水或散步的時候注意腳邊的可疑石頭，到一九七一年眾人合力在菜寮這附近日常生活的腳底下，第一次正式開挖大型古生物化石，已經過了四十個年頭。

四十年來，於菜寮溪流域能發現大型的古生物化石並不稀奇，但漫步在溪邊所發現散落的化石紀錄，總是會讓人沒有踏實感——無法確定這些化石眞正的來源和其埋藏、沉睡的地點。但這一次完全不同，有陳世卿、陳世明兄弟在可能的原地層中發現了犀牛牙齒化石，由長年在左鎮地區尋找化石的陳春木、潘常武等人的規畫，來實地挖掘腳下的古生物金礦，並且實際在平常所踩的地面、將近一公尺深度裡找到了沉睡在遠古台南的犀牛墳墓——吸引了當地不少民眾前來觀看，也在有確切的化石標本出土後的隔天，當地新聞記者就第一手報導了這應該不只是台南當地的古生物盛會，而有著撼動全台灣的潛力；畢竟台灣現在的生物多樣性中，已經沒有如此大型的陸生動物存在了。

啓動大規模犀牛化石挖掘與研究工作

除了相關的新聞報導引起了不少人的注意之外，潘常武也理解這樣的化石標本和發現，將會對台灣的大型古生物在學術研究上提供了全新及重要的貢獻，並直接嘗試來聯絡像是當時的台大地質系教授林朝棨。即使當時在台灣仍是沒有針對大型古生物從事深入研究的古生物學家，但似乎仍是希望學術界、像是林朝棨這樣的代表性人物出面來提供一些相關的資源或意見，讓台南左鎮這次、也是第一次有規模進行挖掘的事件能留下更完整、確切的紀錄。

主導的人、做事的內容、方式、想要完成與達到的目標不同，最後的結果也很自然會有一定的差異。十年前在竹東的鯨魚、十年後在左鎮的犀牛，兩邊的人員都有聯絡在台灣可能可以沾上邊的研究人員，像是台大的林朝棨，後續的發展及結果即使有相似的點——像是原始標本到後來都會令人有點難過的東缺西落，看來就是沒有人知道確切的收藏地點，也沒有人在意。但在某種程度上仍是有著天差地遠的差別——光是台灣鯨魚這一個被命名爲特有種的大型生物，在台灣目前竟然還是幾乎不爲人知，而左鎮的犀牛後續被認爲是中國犀牛的特有亞種，在台灣卻幾乎可以說是聲名大噪，就很清楚的呈現出一定的差異。

台南左鎮地區的陳春木、潘常武等人在這次看似大好與不可錯過的機會下——畢竟是從一九三一年後四十年來，第一次在菜寮溪流域進行有系統的挖掘工作，也有不錯的成果——除了藉由當地報社的推廣之外，也相當積極尋求各種援助、支持。不只台大地質系的林朝棨來到挖掘現場，連當時的台灣省立博物館（目前的國立台灣博物館）館長劉衍和館內的地質組主任金良晨，都一起直接到菜寮溪了解實際的狀況。

博物館一般都肩負著收藏、展示的任務。身爲台灣有著最長歷史的博物館，也是當時最主要自然史博物館的「台博館」[1]（目前所被熟知、位於台中的國立自然科學博物館成立於一九八六年），館長劉衍也是了解、意識到台博館的角色，以及台南左鎮剛發現、初步挖掘也有一定收穫的大型動物化石——畢竟台灣現生的陸生生物多樣性裡，可是沒有像犀牛如此巨大的動物。因此沒有太多遲疑，就讓地質組的金良晨投入到此計畫中，當然也從博物館裡面規畫一定程度的研究經費，來支持後續的挖掘、保存、研究等工作內容。

台博館館長劉衍與台大地質系林朝棨等人在左鎮菜寮和潘常武、陳春木所帶領的當地居民們達成共識，預計接下來就由台博館和台大地質系聯手，加上原先的台南地方人士們，共組一個大型古生物的挖掘、研究團隊。不難想像當時大家都是一臉興奮，又躍躍欲試的想要各自大展身手，但激動的情緒平緩下來後，台博館的人員們和台大的林朝棨再次意會到自己其實不清楚、也沒有眞的很了解到底該如何進行下一步的挖掘和研究工作。

一九六一年在竹東由中油公司的孟昭彝和范玉來等人所主導的台灣鯨魚化石挖掘工作，從目前的結果看來，也是因爲當時在台灣並沒有專業的大型古生物學家能接手下一步的研究，最後至少將部分的標本送到了日本國立自然科學博物館。但這次十年後在台南菜寮的犀牛化石，有台博館的參與——可以想像館長劉衍一定是會想要將如此重要的標本典藏在自家的博物館裡，再加上台南當地長期收集化石，也在一定程度上了解化石，對當地文化有意識其重要性的私人收藏家們，也不太可能輕易的將大家親自組隊、在現場揮灑汗水挖掘到的大型化石，如此拱手讓人似的送

1 一八九九年建立時為「物產陳列館」，一九〇八年改名為台灣總督府博物館、也就是二戰結束後的台灣省立博物館，一九九九年再次更名為國立台灣博物館。

到日本。

靜下心來，問題仍是在台灣沒有專業的大型古生物學家，能好好的對待這被眾人包圍、準備將其沉睡了至少數十萬年以上的墳墓掏空。但這次有台博館在研究經費上的支持，可以不用拍拍屁股就將標本送到日本去（好像可以兩手一攤就什麼事情都不用做一樣）——並非讓化石飛到日本，而是請日本的古生物學家直接來到台灣一起帶領著博物館人員、台大林朝棨及學生，和潘常武、陳春木等當地業餘化石收藏家們進行研究，或許如此一來，也能有機會培育出台灣新生代的大型古生物學家。

原先由潘常武、陳春木等人所進行的挖掘工作就先暫停，但並不是一切就如沒有發生一樣，而是其他的準備工作正多頭分工進行。隔了半年左右的時光，由台博館和台大林朝棨所邀請的日本古生物學家：橫濱大學鹿間時夫和鹿兒島大學大塚裕之終於來到了台南左鎮菜寮——一九七二年的六月底來到菜寮後，鹿間時夫與大塚裕之稍作安頓，日文流利的陳春木大概跟他們介紹、說明當地的狀況，也帶他們到家中檢視長年所累積的一些化石標本。七月初的時候正式開工，準備來解開我們腳底下沉睡的這隻犀牛，到底還能帶給我們什麼驚喜。

台灣特有種犀牛——「早坂犀牛」的命名

回到已經進行一部分的挖掘現場。除了潘常武、陳春木等當地人士，台博、台大、再加上兩位從日本飄洋過海來到台灣，參與這場大型古生物盛宴的鹿間時夫和大塚裕之，經過重新檢視、評估、分配好大致的工作後，眾人開始各司其職的試著向下探索。一九七二年七月初的台南左鎮，比起半年多前的一九七一年年底，不只豔陽更高照，挖掘現場的地面也被太陽曬得更堅硬——這讓只有手持工具、沒有大型機具加持之下的開挖更顯艱困。整個犀牛的盜墓行動已經「鬧」得滿大，除了特地前來湊熱鬧的民眾之外，圍繞當地的居民也不算少數，所以當挖掘似乎不是那麼順遂的時候，也能輕易再找到幾名願意、有興趣的臨時人員來幫忙如此出賣勞力，又似乎會帶來心靈和文化慰藉的遠古生物挖掘行動。

正式重新開挖的第三天左右，更多的犀牛化石再次一一現身！

鋤頭大力揮下去，有任何化石出現的蛛絲馬跡，立刻轉換成緩慢的細部挖掘方式，不論出土化石標本的大小，進行簡易的拍攝或手繪紀錄，也都一一小心翼翼的包覆，並於裝袋、裝箱後，再標記上臨時的野外編號，讓回到實驗室後也不會搞混，可以輕易的進行後續下一步研究工作。在如此日復一日、約一個禮拜左右的工作天數，雖沒有滿坑滿谷的化石被發現，但以數量來計算，不論其完整度或大小的話，大約有七十幾件的標本。

加上一九七一年最一開始透過陳世卿、陳世明兄弟發現，由潘常武、陳春木等人所挖掘、收集的量，如果眞的都屬於同一隻犀牛個體的話，用全身骨骼保存比例來換算，應該是不會低於百分之三、四十的完整度，甚至可能高於一半的骨骼化石都在這犀牛墳場中被發現——以台灣大型古生物研究的歷史來看，左鎭這單一犀牛骨骼化石的完整度，大概也只有十年前在竹東所發現的台灣鯨魚或許可以相提並論，但台灣鯨魚不只幾乎沒有被廣大的重視，連當時的挖掘紀錄，後續的裝箱、運送、研究工作的進行、標本的保存、典藏，雖然不適合用「慘不忍睹」來形容，但每想到台灣鯨魚的下場、下落，總是會讓我心裡揪緊了一下。

一個禮拜開挖所發現的犀牛骨骼化石的件數和完整度，不只是菜寮當地長期耕耘的化石獵人潘常武、陳春木等人感到驚豔，就連台博、台大的研究人員，當然還有特地從日本邀請來到菜寮這一個連台灣不少人都沒聽過、沒去過的小鎭，一起帶領開挖的古生物學家：鹿間時夫與大塚裕之，都帶著滿載而歸的心情——能在菜寮有著像是古生物豐年祭的一週，再加上長年來所發現的不少化石，不難想像底下還蘊涵了大量又豐富的化石紀錄。

從生物個體的層級來思考，不論是散落的骨骼或是遺留下的蹤跡（像是腳印或是糞便）要形成化石，並且經過了千百萬年的「磨練」、被我們人類發現，由古生物學家研究其背後的古生態、生命演化歷史的意義後，撰寫成正式的研究文章，在所謂文明世界的知識體系裡留下紀錄，大概會比之前提到的發現始祖鳥化石的標本機率還要再低上數十、數百倍——所以每一篇發表的古生物研究文章所描述、記載的化石標本，或許都可以說是帶著奇蹟般的不可思議。

但有趣的是，從另一個角度來思考，自生命起源到現在至少有三、四十億年的歷史，雖然大部分的時間都是由我們肉眼所不容易觀察或形成化石的生命形式，不過至少從寒武紀的五億多年前開始，有像是脊椎動物等較大型的生物，骨骼也相對有較高機會保留下來、形成化石紀錄——考量到每一種生物都會試著留下一定的後代，再將時間拉長，那數量其實是會非常的可觀。就好像我們人類現在這一個當下有超過七十億的人口，但我們身爲所謂的智人，從三十萬年前左右出現後，所曾經出生、存活下來過的數量，必定是遠大於這個數字。

換句話說，光是大型脊椎動物開始出現在地球上後，每年其實都有大量的個體死去。如果時間點拉長到上億年、千百萬年以上，那死亡的生物量就會是天文數字，所以這整個地球基本上就是個大型的生物墳場——身爲一個古生物學家，就是要可以從地質的沉積環境和時間點來判斷，然後去尋找零星的化石，更美妙的當然就會是「巧遇」大型的古生物墳場，有機會能讓我們獲取足夠多的化石標本，來解開常動輒千百萬年以上的謎題。

非洲埃及的鯨魚谷（Wadi Al-Hitan 或 Valley of the Whales）就是一個不錯的例子——大約介於四千多萬到三千多萬年前的始新世（Eocene）的早期鯨魚墳場——或許更重要的是，鯨魚谷不只是個古生物的墳場，還在二〇〇五年被聯合國的教育、科學、文化組織（UNESCO：United Nations Educational, Scientific, and Cultural Organization）認定爲世界遺產！綜觀地質時間、橫跨地理分布，世界各地還有許多不只古生物學家，一般民眾也幾乎都能琅琅上口的知名古生物墳場，像是離我們不遠的中國遼寧白堊紀時期的熱河生物們、發現了暴龍化石的美國白堊紀晚期的地獄溪地層（Hell Creek Formation），甚至是推回到可以超過五億年前的寒武紀，在加拿大的伯吉斯頁岩（Burgess Shale）裡各式各樣迷人的生物們。

以數量、頻度和機率等要素來考量，台南菜寮溪一帶雖然目前看來仍比不上像是前述所提到、世界知名的古生物墳場，但台南左鎮菜寮溪流域所出現的化石紀錄，從早坂一郎一九三一年來到台南的四十年以來，基本上都是東一塊、西一角似的撿，直到一九七一年由陳世卿、陳世明兄弟所遇見的沉睡犀牛，某種程度上證實了台南菜寮地區也是一定程度的古生物墳場——但如果要能搖身一變成爲像是伯吉斯頁岩、遼寧熱河地區等世界級的古生物墳場，長期、持續的扎實研究工作是絕對不可或缺的。

即使可以預測台南菜寮也是規模不算小的古生物墳場，應該蘊藏著滿坑滿谷的化石，也不可能可以輕易將整個菜寮溪流域沿途的河床全部翻過來後掀開，一一的清點、研究底下所蘊涵的大型古生物殘骸。考量到現實人力、經費，以及台博、台大、日本的古生物學家們，還有當地的化石愛好者們，也知道只能先喊停，將目前已經挖掘到的化石標本整理、研究到一定的段落再來規畫下一步。

台博館提供了相當程度的挖掘和研究經費，協調台大林朝棨和日本鹿間時夫、大塚裕之等研究團隊的工作內容和狀況——一九七二年七月上旬結束在菜寮現場一週挖掘獲得不錯的成果後，或許有點趁勝追擊的味道。台博館試著抓住這一個看來似乎是百年也不一定有的機會，開始準備將這次的發現規畫成公開給一般民眾的展覽——兩年後的一九七四年，或許預期會有較多人潮、並希望能讓更多人注意台灣也有如此大型的古生物，名稱爲：「二百萬年前犀牛化石復原展覽」，開展日就訂在十月十日的國慶日。

展期看來雖然只有短短的兩個多禮拜（十月十日到十月二十七日），但如果知道、也能體會一開始要找到並挖掘這大型犀牛化石標本有多不容易，再加上組織成的國際團隊背後所付出的心血、時間、資源等，大概就更能感受到這樣一個展覽有多珍貴。來到展場的民眾或許不會理解這些古生物基礎研究背後的祕辛，不過，在這台博館的展覽裡，清楚的標示出這個犀牛標本已經由鹿間時夫和大塚裕之兩人共同研究命名爲一個全新、台灣特有的犀牛物種：早坂犀牛——*Rhinoceros hayasakai*，學名就是以最一開始帶起台南菜寮化石研究的早坂一郎（Hayasaka Ichiro）來取名。

有趣的是，一九七四年在台博的展覽中所聲稱，在鹿間時夫和大塚裕之的研究下，已經將兩年前在台南菜寮所挖掘出的犀牛化石命名爲「早坂犀牛」，但其實

「早坂犀牛」這個名稱，或這獨特的犀牛物種是不是眞的存在遠古時期的台灣，還未經由嚴謹的研究過程、正式的發表在古生物學相關期刊中——仍要再等十年，直到一九八四年才眞的由大塚裕之和林朝棨兩人撰寫研究文章刊登在台博館的期刊。結果或許會令一些人感到失望，因爲大塚裕之和林朝棨並不認爲台灣所發現的犀牛化石是獨特的物種，而是將其歸爲中國犀牛的一個亞種：中國犀牛早坂亞種（*Rhinoceros sinensis hayasakai*）。

分類研究某種程度上確實是很取決於由誰來主導其研究工作，畢竟每一個研究人員所觀察到、在意的形態特徵常常都會迥然不同，也會導致後續的結論相差頗大。同樣很有趣也重要的是，有時這分類命名、鑑定的背後，也確實無法排除有一定的「政治」意識，畢竟就好像是將一個新的化石認定爲一個新的獨特物種，或是歸類於和周圍地區一樣的物種，就多多少少可能帶有政治立場的意味——但如果研究人員沒有親自出來說明，也只能流爲臆測。

走出分類窠臼，發展新「犀」望

一開始主導犀牛化石的研究是一九七二年中來到台灣時剛滿六十歲的鹿間時夫，畢竟主要的工作仍是擔任日本橫濱國立大學的教授，無法長期待在台灣，所以是在接下來的研究進展中，由台博不定期的支付台日來回旅程和在台短期研究的生活相關費用。但或許是已經有了一定的年紀，當時的台日往返旅途又不像是現今如此輕鬆、便利，鹿間時夫一九七四年在台灣進行犀牛的復原、研究工作時，途中還發生了腦溢血、緊急送往台大醫院就醫，造成一波人仰馬翻的插曲。最後也在台灣的犀牛化石研究還沒有完成前的一九七八年就過世，由大塚裕之來接手。

一九八四年由大塚裕之和林朝棨所發表的中國犀牛早坂亞種的研究文章，似乎大多數人皆以為所有的犀牛化石，都是當時在台南菜寮溪流域一帶現場所挖掘出的標本，畢竟從一九七一年的發現、後續大陣仗的挖掘、一九七四年在台博的展示，很自然的都會讓人將場景限縮在台南菜寮一帶。再加上一九八四年的研究文章是用英文所撰寫，也不小心讓不少人沒有翻開這篇研究文章來詳細閱讀、了解其內容的意願。

再次翻開早坂一郎在台灣所開啓大型古生物研究工作的歷史，其實可以發現台灣並不是只有在台南菜寮一帶才有犀牛化石出沒，像是早坂一郎在一九三三年的研究報告就提到在台中有犀牛化石的紀錄。更進一步的、一九四二年的文章不只指出桃園有犀牛的化石，還強調這些在桃園新發現的犀牛化石很有可能是新的物種——但並沒有直接在發表的研究裡命名爲台灣新發現的獨特犀牛物種。

大塚裕之和林朝棨一九八四年命名中國犀牛早坂亞種的文章裡，除了台南所發現的犀牛化石之外，也一起將桃園的標本納入進去——所以，有趣的是，從地方、地域的角度來看，回到一開頭的內容，三不五時似乎都會有台南市政府發新聞來說希望讓中國犀牛早坂亞種回台南的娘家，卻沒有桃園市政府出來講過任何一句話？但或許更有趣的是，因爲當時所命名中國犀牛早坂亞種的原始犀牛化石標本基本上都下落不明，所以我開始到處去檢視、尋找犀牛的化石標本時，當我在台南的左鎮化石礦石館裡發現了大塚裕之和林朝棨一九八四年所用來鑑定、判斷中國犀牛早坂亞種的原件犀牛化石標本，也很興奮的立即跟館方人員指出，這就是長期以來不少人高喊著希望能讓犀牛化石回台南娘家的標本——但卻只有得到館方冷漠的反應。

即使一九三三年、一九四二年分別在台中、桃園也曾經由早坂一郎記載過有犀牛的化石紀錄，但一九七一年在台南，由陳世卿、陳世明兄弟所不小心「踩」進的菜寮犀牛墳場，才讓台灣本地曾有犀牛出沒過的生物多樣性，這歷史的一頁得以用放大鏡來檢視。但台灣所發現的犀牛化石似乎某種程度只被拿來當作政治操作，或是等日本研究人員離開了台灣，或在一九八四年寫完、發表了研究文章，這轟動一時的大明星好像就只能被打進冷宮一樣——畢竟大型化石的古生物學雖然有像是《侏羅紀公園》或《冰原歷險記》來推廣，但似乎也只讓台灣的民眾更加深這類的研究工作僅能在國外進行，長期以來都還沒有眞的在台灣落實到一般大眾的日常生活、也沒有扎根進大家的心中。

當我重新發現並親自檢視由大塚裕之和林朝棨兩人在一九八四年定名爲中國犀牛早坂亞種的原始犀牛化石標本，同時在搜尋失落的犀牛化石期間，也陸續的在不同地點、化石收藏家裡觀察到更多台灣的犀牛化石標本——再加上閱讀從一八七〇年由英國古生物學家歐文所命名中國犀牛的原始研究文章，和接下來這一百五十年來長短不一、內容豐富、世界各地的犀牛化石研究報告後，不只意識到中國犀牛這個已經滅絕的犀牛化石物種其實是一個分類垃圾桶，也就是在中國或鄰近地區（不意外的也包含了台灣）發現了犀牛化石的話，但——中國犀牛 絕大多數都會被歸爲中國犀牛——但或許更重要也令我超興奮的是，當我把台南當地所發現的犀牛化石標本們攤開，一起觀察其牙齒的形態後，可以很清楚的說出台南左鎮菜寮的犀牛標本和中國犀牛其實有著根本上的差異！

以植物爲主食的犀牛，牙齒的形態、皺褶不只會對於攝食內容和行爲有所影響，在無法直接觀察到牠們生活方式的犀牛化石中，也是能讓我們去判斷、回推不同犀牛物種的食性差異，或到底我們眼前的犀牛化石該是屬於同一個物種，抑是該被歸爲完全不同的犀牛物種。關於台灣犀牛化石的研究工作，就曾經的結果、形態分析，都很清楚的指出一九八四年被鑑定爲中國犀牛早坂亞種的化石，裡面的標本應該混雜了不是中國犀牛、很有可能是台灣獨特的犀牛特有種！直到二〇二二年，台灣所發現的犀牛化石也正式發表爲台灣特有物種：早坂島犀。更進一步的，桃園、台中、台南都有正式的犀牛化石紀錄，也就是說台灣的犀牛其實是從北到南都有分布，不只地理上的差異，我們再細看不同區域的犀牛化石，其實是出沒在完全不同的時間點——像是桃園的犀牛應該超過一百萬年前，而台南的犀牛大約生存在五、六十萬年前。

在台灣存在於不同時間、空間的犀牛，不只時空背景有差異，光是從牙齒形態上也能發現一定的差異——不只隱含著台灣的犀牛們可能占據著不太一樣的生態區位，也很有可能是完全不同的犀牛物種。長期以來，一九八四年所被正式發表的中國犀牛早坂亞種在不同的場合常被掛在嘴邊，或許可以類比爲台灣當下仍活躍的亞洲黑熊台灣亞種一樣的古生物明星物種——但自從一九七一年發現至今、半個世紀轉眼就過去了，要進一步講出台灣所發現的犀牛化石背後的故事，所隱含的古生態、演化歷程等細節時，卻幾乎仍是支離破碎——不過，我相信在這一個已經啓動、小小的「犀望」研究計畫進行下，在可預期的未來，台灣有犀牛的存在不會像是曇花一現的登場，而是能持續的醞釀出更多扎實、迷人的故事，也帶給更多人對於台灣大型古生物研究的想像和「犀望」。

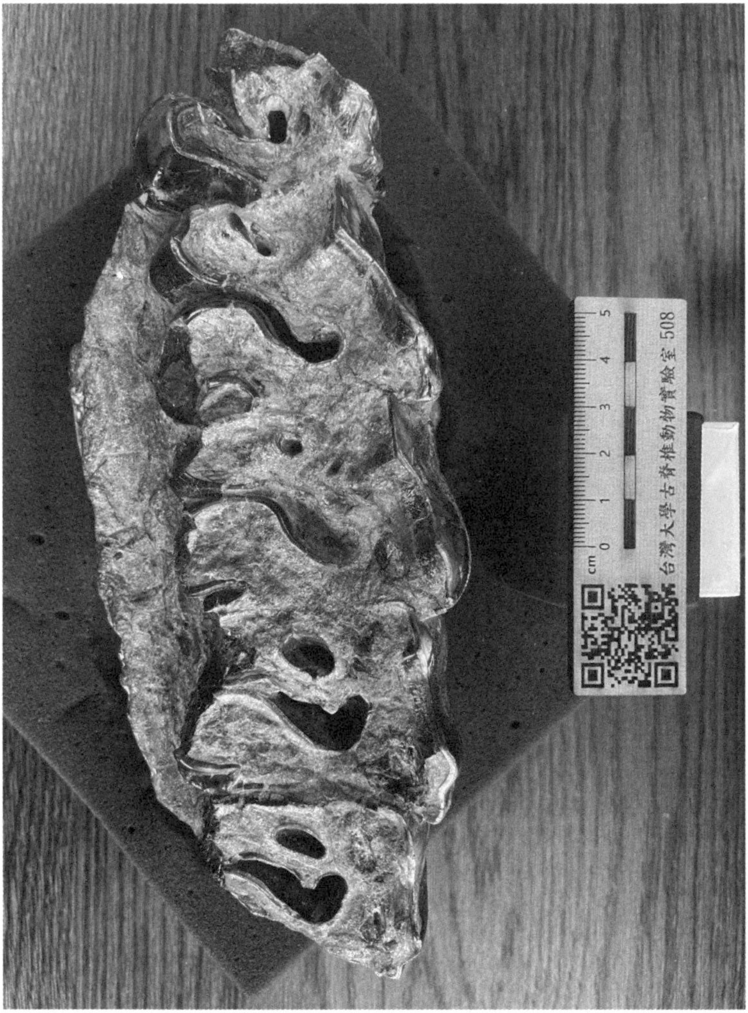

早坂島犀最重要及完整的原始化石標本之一，是於桃園所發現的一排上顎牙齒化石，典藏於台灣大學。（蔡政修於台灣大學古脊椎動物演化及多樣性實驗室拍攝）

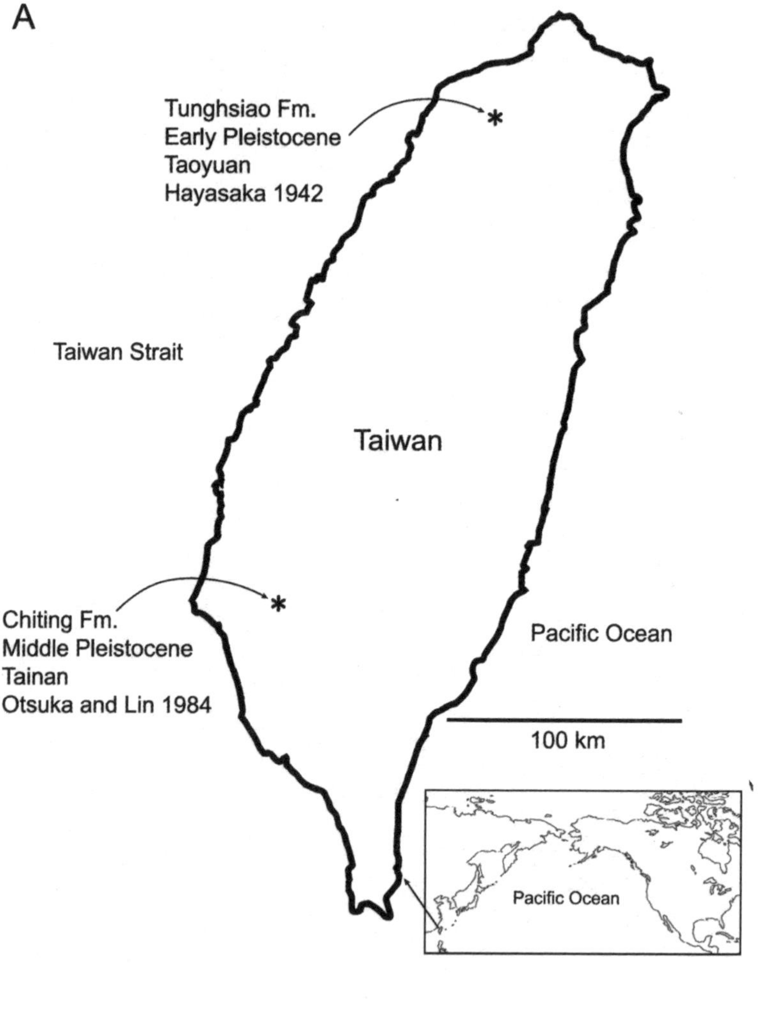

當時一九八四年所發表、台灣所發現的犀牛化石其實包含了來自桃園和台南的化石標本，並不是只有台南。（取自 Tsai et al. 2024 *Mammal Study*）

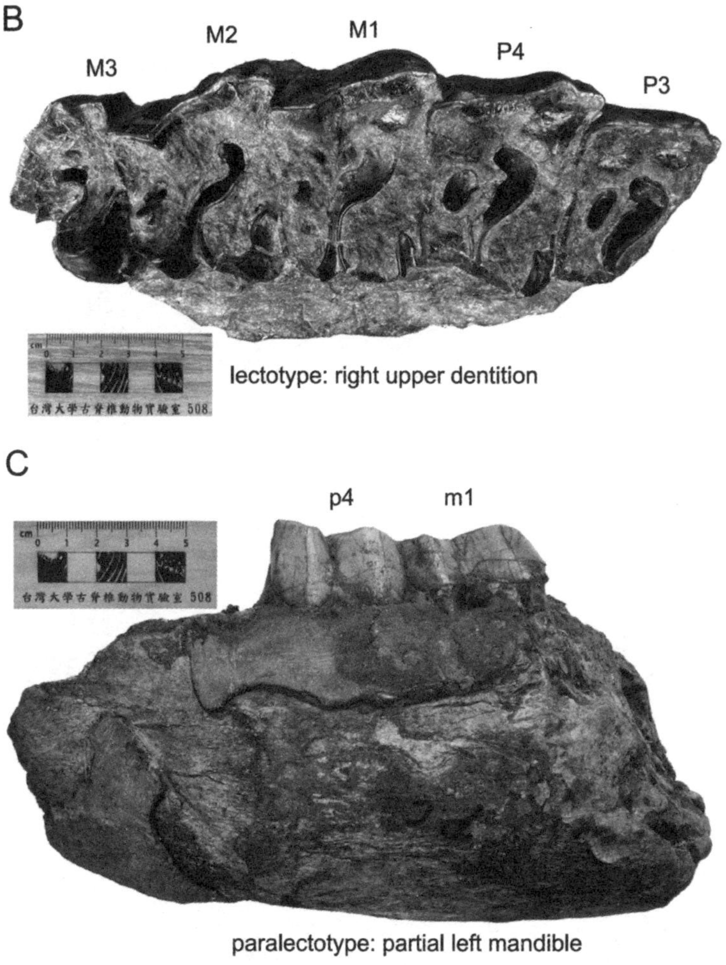

重新被我們所發現的早坂島犀的原始化石標本：B, 為桃園所發現的上顎牙齒化石標本，C, 為台南所發現的下顎牙齒化石標本。（取自 Tsai et al. 2024 *Mammal Study*）

參考書目&延伸閱讀

＊Otsuka, H., and Lin, C.-C. 1984. Fossil Rhinoceros from the T'ouk'oushan Group in Taiwan. *Journal of Taiwan Museum* 37:1-35.
在台南進行當地的挖掘工作後，於一九八四年發表爲中國犀牛早坂亞種（學名爲*Rhinoceros sinensis hayasakai*）的原始研究文章。也因此長期以來中國犀牛早坂亞種都被誤以爲只有在台南所發現，但其實在此研究成果的主要化石標本有一部分是來自桃園地區，並且是在二次大戰結束中就已經被發現，也就是早坂一郎在一九四二年發表時所包含的化石··Hayasaka, I. 1942. On the occurrence of mammalian remains in Taiwan: a preliminary summary. *Taiwan Chigaku Kizi* 13:95-109.

＊Antoine, P.-O., Reyes, M. C., Amano, N., Bautista, A. P., Chang, C.-H., Claude, J., De Vos, J., and Ingicco, T. 2022. A new rhinoceros clade from the Pleistocene of Asia sheds light on mammal dispersals to the Philippines.

Zoological Journal of the Linnean Society 194:416-430.

主要的研究對象爲菲律賓所發現的犀牛化石，但由於台灣所發現的犀牛化石不只在地理位置相近，時間點也相差不遠（都是在更新世時期所發現），因此也將台灣所發現的中國犀牛早坂亞種一起納入分析，發現與證實菲律賓與台灣的更新世犀牛隸屬於一種全新的犀牛類群‧‧島犀（*Nesorhinus*），並將台灣所發現的中國犀牛早坂亞種正式更名爲‧‧早坂島犀（*Nesorhinus hayasakai*）。

* Tsai, C.-H., Otsuka, H., and Fang, J. N. 2024. Rediscovery of type specimens of Nesorhinus hayasakai (Mammalia, Rhinocerotidae) from the Pleistocene of Taiwan. *Mammal Study* 49:145-149.

中國犀牛早坂亞種或是最近被正式更名爲早坂島犀的台灣所發現的犀牛類化石，因爲從最一開始時就邀請日本來的古生物學家們一起進行挖掘與研究，所以算是成爲了台灣古生物們的代表。但是這些早期的原始化石標本卻一直下落不明，所以才會有台南市政府三不五時出來喊話說要請台博館將這一批犀牛類的化石送回台南，讓牠們回娘家（暗示這一些化石收藏在台北的台博館）。經過了我們這一個研究的發現與確認，當時請日本的古生物學家參與的挖掘工作和發現的早坂島犀其實一直都在台南，並沒有典藏在台博館。

* Buckland, W. 1824. Notice on the Megalosaurus or great fossil lizard of Stonefield. *Transactions of the Geological Society of London s*2-1:390-396.

有如台灣所發現的早坂島犀的歷史一樣，在從事研究工作時，我們也會需要知道相關的研究歷史。中文常被翻譯爲巨龍或斑龍的 *Megalosaurus* 是近代研究中生代恐龍化石的第一個被正式命名的物種，也因此今年（二〇一四年）在世界各地舉辦有關於這一個發現的兩百週年紀念活動。

【第五話】

灰鯨
——大海撈針撈到了感人的親子故事？

從台灣海峽海底打撈上來的灰鯨化石。（蔡政修於台南的大地化石礦石博物館拍攝）

「終於在正式的展覽中呈現到大家的面前了！」看著收藏在台南永康、由陳濟堂所經營的私人大地化石礦石博物館的灰鯨化石標本，藉由台南左鎮化石園區的二〇二〇年度特展「鰭幻足跡」，可以說是首度在公開場合跟大家見面——或許這樣講有點誇張，但我個人內心的興奮感卻是難以壓抑，大概只有當時和我一起在展場的我太太久美子，在跟我用日文對談時，才可以感受到我的雀躍，即使我當時好想跟全世界大聲呼喊。

古生物學裡的犯錯與嘗試

這件灰鯨化石標本是我超過十年前，透過台中國立自然科學博物館張鈞翔博士的引薦（到台南陳濟堂所創建的私人大地化石礦石博物館裡檢視標本）和指導，開始進行碩士研究的主要化石標本之一——即使在二〇二〇到二〇二一年中的「鰭幻足跡」展覽中只有短短幾句話：

許多科學家都在找尋灰鯨的繁殖地，而在台灣的澎湖海溝就曾發現灰鯨化石！這件灰鯨化石的體型約五公尺，灰鯨成體約可長到十五公尺，所以有可能是幾個月大的灰鯨寶寶，透露了灰鯨以前的繁殖地可能就在台灣海峽附近！

但我卻有好多好多的話想說給大家知道。不論是從一開始的發現、漫長的研究歷程，最後終於將研究成果發表、刊登至國際的古生物期刊，再到私人大地化石礦石博物館的標本能藉由左鎮化石園區的特展來公開展示這一段說長不長、說短不短的旅程，即使有些內容可能會遺漏，或是可能部分狀況也不方便公開透露在此書中，但我仍是期待盡可能的將大家引領進這在台灣所發生過的，關於傳宗接代、但卻不小心絕後的故事。

說到繁衍下一代，不論是有沒有生過小孩的人，都可以感受到這是一件最爲根本的大事。因爲即使沒有生過小孩，我們每一個人、每一條生命，在這地球的生命歷程中都需要有親代的努力（不論是有性或無性生殖的方式），才能造就我們目前的存在。如此一來，也就不意外許多迷人的故事，都是建構在繁殖相關的議題上。

竊蛋龍（*Oviraptor*）就是一個很經典的例子。大多數人所熟知的、叫得出名號的「竊蛋龍」早在一百年前的一九二四年被命名，到目前爲止竊蛋龍仍是一屬一種的恐龍：*Oviraptor philoceratops*（*philoceratops* 的意思爲「喜歡角龍類的」），所以確切的物種名稱可以翻爲：嗜角龍竊蛋龍。

當時被命名爲嗜角龍竊蛋龍的原始化石標本和大約十五顆恐龍蛋的窩一起被發現，所以美國自然史博物館的古生物學家奧斯本（Henry Fairfield Osborn）[1]認爲這種恐龍很有可能會去吃其他恐龍物種的蛋（當時認爲那一窩恐龍蛋的主人是原角龍：*Protoceratops*之類的角龍類），但奧斯本自己在當時一九二四年的原始研究文章裡也有試著提醒讀者們，這樣的化石組合（也就是已經被命名爲竊蛋龍的骨骼化石和那一窩身世其實不明的蛋），很有可能會誤導我們解讀牠們的攝食行爲。

換句話說，奧斯本自己雖然將其化石標本命名爲嗜角龍竊蛋龍，但他本人其實是仍抱有著疑問。

奧斯本本人即使有意識到這樣的「偷蛋」假說可能有問題，但他似乎忘記了當他一給了竊蛋龍這樣的學名，就等於是讓竊蛋龍不管怎樣都會被人們貼上了「偷蛋」的標籤，不論竊蛋龍是不是眞的是前去角龍類的窩偷吃蛋。而奧斯本也沒有在文章裡提供其他的想法，這一個偷蛋假說也就從二十世紀才剛開始不久的二〇年代

（一九二四年），直到二十世紀快要結束的九〇年代，才有了新的證據來推翻、試著還給竊蛋龍一個清白。

相隔了七十年的時光，和奧斯本同樣是美國自然史博物館古生物學家的諾瑞爾（Mark Norell）研究團隊一九九四年發表在《*Science*》的一篇研究文章，發現了原先奧斯本一九二四年看起來似乎是被竊蛋龍偷吃的蛋裡，找到了保存下來的部分骨骼化石——角龍類的蛋裡竟然被發現和竊蛋龍的成體骨骼有著類似的化石形態！換句話說，和竊蛋龍一起被發現的那一窩蛋應該很有可能是媽媽正在孵蛋，而不是去偷其他恐龍的蛋來吃！

誤會這麼大，奧斯本當然無法負責，畢竟奧斯本在一九二四年命名完竊蛋龍後十一年的一九三五年就過世了，而物種學名也不能輕易的改變，即使後續的研究發現和原先的假設天差地遠。但換個角度想，也就是因爲落差太大，那說出來的故事張力似乎才會更高、更有吸引力——讓這一個竊蛋、孵蛋的研究發展在不到三十年間（從一九九四年開始有確切的證據來推翻其竊蛋的假說到現在），幾乎可以在世

1 奧斯本也是一九〇五年命名了幾乎無人不知的「暴龍（*Tyrannosaurus rex*）」的研究人員。

界眾多的博物館看到其相關的展覽，或是許多恐龍相關的書籍裡都一定會介紹到，這一個幾乎被視爲經典的恐龍或是古生物學的研究案例。

犯錯，在古生物學界裡可以說是稀鬆平常的事情，這當然不是說身爲古生物學家的我們都在胡搞，只是大多數的情況下我們能找到的化石，或是能收集、掌握的證據都極度有限。或許一般大眾會有人認爲，這樣的話，那不是一開始就不該將如此不成熟的研究發表？但如果我們來檢視人類發展的歷史，或是知識體系的建構，幾乎難以避免的都是利用那一個當下所握有的證據，來推斷出最有可能的「假說」，重要的是，也就是需要有先前的假說、想法，我們才能透過新的發現來不斷的前進——如果一開始什麼都沒有、也沒有人願意先嘗試，或甚至犯錯的話，那基本上就只能一直保持著空白的狀態。

有了這樣想要在古生物學裡嘗試、犯錯的心態，但如果什麼化石標本都沒有，也就基本上無法在腦袋裡幻想著那一件化石，到底是來偷蛋的獵人，還是其實是正在孵蛋的媽媽或爸爸。但現實是，要在野外自己發現、挖掘，再加上後續清修到眞的可以研究和發表的化石標本，眞的比想像中困難千、百倍以上——看著百年前的奧斯本或是目前的諾瑞爾等在美國自然史博物館的古生物學家，有著大筆的研究經費和大批的研究人員，在蒙古地區持續的挖掘、收集到大量的恐龍和其他各類型的古生物化石標本，從而才能持續顛覆我們原先所認知的遠古世界面貌。

台灣看似不大，但真的去到野外就會發現要找到化石，還真的跟所謂的大海撈針有異曲同工之妙——好不容易找到看似有可能埋藏了化石的沉積岩，是否有化石暴露出表面、並且如果真的試著挖掘後，還有沒有保存了一定的骨骼化石形態能提供研究，這些都是未知數。因此，除了一邊享受著到野外尋找化石的樂趣之外，另一邊也在台灣的各大博物館或是私人的化石收藏家裡尋找可能的研究標的——畢竟我當時是處在大學要進入到研究所的階段，需要有確切的化石標本才能決定碩士論文的研究內容。

頭蓋骨的魔鬼細節

跟著我當時主要的指導老師：科博館的張鈞翔研究員，到了台南兩位著名的化石愛好、收藏家裡檢視標本時，竟然發現了他們都有一件極度相似、從介於台灣和澎湖之間的海底，由漁民進行底拖打撈作業時所發現的鯨魚化石標本——一如往常，化石並不是很完整，只有頭部後端的一部分，大概就是我們人類後腦勺的區域。引起我特別注意的是這兩件鯨魚化石標本的後腦勺（確切的骨骼結構名稱爲：supraoccipital，中文可翻爲：上枕骨）上都有著明顯的兩個突起。

這兩位收藏家分別是在台南永康建立起自己私人化石博物館的陳濟堂，和從台南應用科技大學退休的教授侯立仁——光是他們兩位從開始玩化石到現在所累積的年資就已經將近百年，和我到目前才二十個年頭相比，就可以想像出他們長期下來所收集、典藏，或看過的化石量有多驚人。不過，收藏和研究基本上是兩件完全不同的事情——對於研究來說，除了像是特別稀有或保存狀況良好等私人收藏家也會相當注意的條件外，古生物學家會超級想要知道眼前的化石，能跟我們講述出什麼有趣的演化生物學，或是當時遠古環境裡所蘊藏的生態架構等相關議題。

好不容易進到了陳濟堂所公開經營的大地化石礦石博物館，並接觸到侯立仁私人家中的化石標本，在被允許的狀況下，當然會希望能好好檢視過所有化石一輪。但當我注意到那後腦勺上有突起的鯨魚化石標本後，我基本上就已經不能自已的開始花上不少時間試著檢視，並且詢問能不能讓我自由的將化石標本翻轉、查看不同面向的形態特徵。

雖然大小有一點點差異，不過基本上陳濟堂和侯立仁的標本差不多大——只有頭骨後端一部分，所以頭骨的長度很難估計，但寬度都落在將近六十公分左右——相信大多數的人就可以感受到這只有一小部分的頭骨化石會有多大，因爲摸一下自己的頭骨，再稍微測量或估計一下後，就會發現我們人類的頭骨寬度基本上不會超過二十公分。換句話說，有了這樣的解剖概念，就能開始幻想起這看似不完整的化石標本的主人，會是比我們大上好幾倍的個體。會有這樣龐大的體型，再加上台灣被大海給緊緊包圍著，陳濟堂、侯立仁在長期化石領域的摸索下，也都具備了相當程度的古生物學和骨骼解剖的知識，所以很清楚知道自己的收藏中，我當時感興趣的那一件標本是鯨魚的化石。

光是「鯨魚化石」這樣高階分類、或可以說成是有點籠統的鑑定，確實對於大多數不完整的化石標本來說，基本上就是我們針對其化石保存下來有限形態特徵，能判定的極限。但如果化石的保存部位包含了頭骨的話，常常就有機會讓從事基礎古生物形態的研究人員，找到那藏在魔鬼裡的細節。因爲脊椎動物的頭骨組成有著相當程度的複雜，透過分析頭骨上不同骨頭（像是我們眼睛上方的骨頭稱爲「額骨（frontal）」、額骨延伸到頭的後方和上方爲「頂骨（parietal）」）的組成方式、形態等特徵，就有可能在物種的基礎分類上有進一步的突破——運氣好的話，甚至能發現和目前所有已知物種都不一樣的形態組合；換句話說，就是發現了全新的物種。

陳濟堂和侯立仁的鯨魚化石標本保存的頭骨部位

台南大地化石礦石博物館館長陳濟堂與其夫人陳魏美英和台灣所發現的灰鯨化石標本（陳館長左手前方的化石）合照。（蔡政修於台南的大地化石礦石博物館拍攝）

有限，但後腦勺的那兩個突起就是能讓古生物學家眼睛一亮，那藏在魔鬼裡的細節——「灰鯨」是浮現在我腦海的選項。

灰鯨在目前全部現生的鯨魚分類中，是隸屬於自己的一科一屬一種：灰鯨科、灰鯨屬、灰鯨。也就是說灰鯨和其他的鯨魚有著相當程度的差異，畢竟在生物分類上被歸爲不同「科」的話，幾乎可以說是只要有點受過訓練的人，都能輕易的說出其差別。就好像大家熟悉的貓和狗基本上不會被搞混，因爲貓和狗即使都被歸在哺乳動物的食肉目中，但貓是屬於「貓科（Felidae）」、而狗是被歸在「犬科（Canidae）」。

有趣的是，一一翻閱記載了台灣生物多樣性的相關書籍或報告，台灣是沒有現生灰鯨這一種能達到十五公尺長的大型鯨魚確切的出沒紀錄。更令人著迷的或許是，灰鯨原本是廣泛分布於北半球，但大西洋的族群在早期的捕鯨時期就已經被人類獵捕一空，現在只剩太平洋的海域有灰鯨遨遊於其中——太平洋的東岸、也就是美國沿岸一帶的灰鯨族群相當穩定，估計有超過兩萬隻個體，但台灣所在的太平洋西岸的灰鯨只剩下岌岌可危的一、兩百隻，幾乎是處在隨時都可以走入大西洋灰鯨後路的階段——滅絕。

純粹看現況的話，很自然的會認爲太平洋另一岸的灰鯨們似乎一直都無憂無慮，但就好像古生物學基本上就是研究生命演變的歷史，我們如果回頭看看東太平洋，也就是美國、墨西哥沿岸的灰鯨族群的歷史，會發現牠們在一百年前左右的二十世紀初期，也是面臨著幾乎被抄家滅族一樣的危機，當時的研究人員幾乎都認爲東太平洋的灰鯨族群，基本上要重蹈大西洋灰鯨的覆轍了。

不到五公尺的灰鯨寶寶繁殖地

東太平洋灰鯨的走進滅絕之路、又再次興盛的過程，其實有著水能載舟、亦能覆舟的故事。東太平洋的灰鯨族群早在十九世紀中期就已經被捕鯨業者發現了繁殖地——一八五八年由捕鯨船長斯卡蒙（C.M. Scammon）在墨西哥巴哈的歐霍德列布雷潟湖（也因此常被稱爲「斯卡蒙潟湖（Scammon's lagoon）」）發現了灰鯨的繁殖地。從現代思維來看的話，或許會認爲這是一個發展觀光的好地方，畢竟可以輕易觀察到超過十公尺以上的灰鯨媽媽在此環境生下灰鯨寶寶後，和才剛出生的灰鯨小朋友在水中餵奶或是其他親密的互動。

沒有讀過、也幾乎一定有聽過梅爾維爾（H. Melville）的《白鯨記》（*Moby Dick*），這本書是在十九世紀中期的一八五一年出版。此本以捕鯨業爲主軸的小說不只成爲了世界名著，也清楚的顯示出當時捕鯨業之於美國的經濟和整體發展，有著極重要的地位。在捕鯨業極爲發達的地區，發現了大型鯨魚的繁殖地大概就好像現在發現了源源不絕的石油冒出來一樣——當時的歐美地區捕鯨業主要的獵物就是大型鯨魚身上那豐厚的油脂。

這對捕鯨業者是一大福音，但對於東太平洋的灰鯨族群當然就是被直搗巢穴式的抄家。也因此即使有一定的生命危險，當時十九世紀中期的船員還是選擇坐上捕鯨船（也才會有史詩式的《白鯨記》故事）；到了十九世紀末、二十世紀初期時，美國和墨西哥（東太平洋灰鯨的主要繁殖地區就是在現今墨西哥的海域裡）沿岸的灰鯨就已經岌岌可危了。

能逃過一劫，幾乎從滅絕的邊緣裡起死回生，直到現在估計有超過兩萬隻的灰鯨個體生存在東太平洋的海域裡，能讓國際自然保護聯盟（IUCN：International Union for Conservation of Nature）將其生存狀態歸類在不太需要關注（確切爲：

least concern，常被翻譯爲「無危」）的族群，很主要的原因之一，也就是因爲東太平洋灰鯨的繁殖地，從十九世紀中期開始就被捕鯨業者摸得一清二楚——轉個念頭來保護繁殖地，讓東太平洋的灰鯨們能夠安心的培育下一代。不意外、又很快的，灰鯨的族群數量不只穩定成長，也因爲繁殖地有著灰鯨媽媽帶著小灰鯨的可愛景象——造就了另一個產業：「賞鯨業」的興起。

回到太平洋的另一岸，也就是台灣所在的太平洋西岸。西太平洋的灰鯨不像東太平洋的族群一樣有著雲霄飛車似的轉折情節，西太平洋的族群可以說是從二十世紀初期開始被注意後，幾乎都處在數量不多的狀態——因爲個體一直都偏少，整體的行爲模式似乎已經進到難以預測的階段，也就不訝異長期以來，我們對於西太平洋灰鯨的繁殖地那麼搞不清楚——超過了一百年前的一九一四年認爲西太平洋灰鯨的繁殖地是在南韓周圍的海域；隔了一甲子後的一九七四年有人認爲應該是在日本的瀨戶內海；再過十年後的一九八四年，又有新的假說提出那未知的繁殖地，是在中國南端的南中國海一帶。

在這樣的知識背景之下，我意識到不同私人收藏家：陳濟堂和侯立仁的鯨魚化石，具有極度的重要性。這兩件化石標本狀況雖不能算是很完美，但是剛好都保存了幾乎是同個部位——頭骨的後腦勺。更重要的是頭骨後腦勺的上枕骨都有著明顯的兩個突起（確切的解剖結構名稱爲：paired tuberosities），這是現生灰鯨很重要的一個特有骨骼形態，在其他所有已知的現生鯨魚們的頭骨後腦勺上，都不會看到這樣的突起結構。

看似不起眼的骨骼結構，其實很多都藏著該生物的生理特性、生存的生態環境，或是運動力學相關的含義——因爲化石雖然通常只有骨骼會留下來，但透過現生生物的解剖工作，我們能深入了解骨頭和其附著的肌肉、血管、神經分布等關係，也因此從旁人的角度來看，似乎只是看「死人骨頭」，但古生物學家就好像法醫一樣，能依靠看似有限的資料和化石對話，從而一點一滴建構出我們眼前看似極度不完整的化石標本生前的祕密。

身長能來到十五公尺的現生灰鯨，有著和其他大型鯨魚相當不同的攝食行爲。灰鯨不像露脊鯨主要在海面上獵食，或是像藍鯨和大翅鯨等在海面或海中攝食，主要生活在沿岸的灰鯨會來到水深二十公尺以內的海底進行「吸食（suction feeding）」，試著從海底裡吸到任何可以進食的小型無脊椎動物，也因此常常會吃到藏在海底的無脊椎動物，像是甲殼動物中的端足或等足類等（不是大家熟知的磷蝦）。有趣的是，當灰鯨游到海底要開始吸食的進食工作時，整個身體會偏向一邊、頭部會接觸到海底，這攝食行爲對於體型龐大的灰鯨有點危險性，也因此灰鯨後腦勺上的成對突起，似乎就是因從脊椎骨延伸過來的肌肉群：頭後大、小直肌附著在上方所造成，讓灰鯨在海底進行吸食時頭部有一定的靈活度。

藉由這樣後腦勺有成對突起的形態特徵和攝食行爲相關的架構後，陳濟堂和侯立仁的這兩件鯨魚化石，在分類上應該被判定爲灰鯨這一個類群，看來是沒有什麼問題了。但除了有確切的灰鯨化石來增加台灣的生物多樣性之外，令我更雀躍的是這兩件標本看似不小——頭部遠端後腦勺最大的寬度都有將近六十公分，但這對於成體能有十五公尺的灰鯨來說基本上就是小不點。

體型大小常常是我們評估眼前生物的重要依據。光是看到一部分的現生生物，像是在牆角看到有老鼠的頭露出來，我們也大概都能直覺掌握到那一隻小老鼠大概有多大。對於估算化石原來主人的體型也是類似概念，只是很大一部分會取決於保存下來的化石部位，和該生物所歸屬的類群——但也因爲光是了解一個化石的體型大小，就能讓我們有一定的依據來判斷當時所生存的古環境，和其周圍不同生物的互動模型等，所以針對不同的生物類群或部分來建立起數學公式、從而試著回推該化石的大小和其體型的演化歷程等研究，其實在古生物學的研究中算是一個滿熱門的領域。

對於鯨魚來說，光是頭骨中最寬的部分——也就是左右邊的鱗骨（squamosal）所夾出來的寬度，就常常被利用來估算保存不完整的鯨魚化石體長，尤其是在二〇一一年有研究收集了大量的現生和化石鯨魚資料（現生鯨魚有確切的體長資料，所以能幫助校正化石標本不足的部分），並且有系統的建立可信的數學模型後，就讓研究人員們更能放心的使用單一數據、也就是頭骨中左右鱗骨的寬度，來放進已經被建構的數學公式推算，即使只有部分頭骨化石的鯨魚大小。

提到數學公式或是要建立相關的數學模型等方式，來推估已經滅絕的化石體型或許對於不少人都會感到有點距離。不過，如果不是已經完全滅絕的高階類群，像是在生物分類以「科」爲層級以上的單位，而是還有現生類群的「屬」、或是「種」的化石，只要有現生物種不同部位的骨骼標本，和其原始個體的體型大小放在一起比對後，就可以一目了然知道其化石個體的大小，或是即使化石標本不完整，也能推測出大概的體型——像是該化石的成長發育階段，是已經完全成熟的個體，還是仍在發育的青少年？或甚至是才剛出生不久的小嬰兒等年齡階段？

台灣一開始所發現的那兩件灰鯨類化石——一件收藏在陳濟堂的私人大地化石礦石博物館，另一件收藏在侯立仁的家中。保存下來的鱗骨即使都不完整，但可以判斷出最大的頭骨寬度頂多也落在六十公分左右，這樣的大小不論是放進數學公式，或是純粹用東太平洋大量的現生灰鯨頭骨來估算的話，這兩隻在台灣更新世時期所出現的灰鯨化石，原始大小都落在五公尺上下。

現生的灰鯨成體能達到十五公尺，那五公尺的灰鯨會是怎樣的概念呢？還是需要借鏡對岸：東太平洋那一岸的灰鯨紀錄。因爲東太平洋灰鯨的繁殖地從十九世紀就已經被發現，所以對於灰鯨剛出生的體型大小有一定的紀錄——大約落在三點五到五公尺，換句話說，五公尺的灰鯨基本上就是才剛出生不久的小灰鯨寶寶。更有趣的是，灰鯨媽媽在繁殖地產下小灰鯨後，會在繁殖地和灰鯨寶寶再多待上幾個月，在這一段時間餵奶、讓小灰鯨長得更大一點後才會一起游離繁殖地，帶著小灰鯨前往高緯度的主要覓食地區。

除了體型大小之外，頭骨上的結構也能透露出年齡！如果有抱過才剛出生不久的小嬰兒，大概都會覺得有點緊張，像是脖子很軟，感覺整個頭似乎隨時會和脖子分離一樣，然後試著扶住頭後，會發現小孩子的頭也還有點軟——因爲頭骨還在發育、成長中，沒有完全骨化，除此之外，骨頭跟骨頭之間的接縫也都還沒有癒合得很完全。仔細一看，陳濟堂和侯立仁所收藏的灰鯨頭骨化石上，骨頭和骨頭之間的縫合線不只沒有癒合，像是頂骨和額骨，或是基枕骨和基蝶骨之間都還是呈現出完全打開的狀態，再次清楚說明了這兩件灰鯨化石標本是處在相當年幼、很有可能才剛出生的幼鯨。

台灣沒有現生灰鯨確切的出沒紀錄，很自然的台灣也就沒有博物館或任何研究單位有收藏灰鯨的骨骼標本，能提供讓我第一手比對、分析陳濟堂和侯立仁的鯨魚化石標本。但整合上述的骨骼形態特徵和生態資料等，就像是《侏羅紀公園》一樣，一幅台灣更新世的海洋公園、在台灣現今的西南沿海一帶有著遠古的灰鯨媽媽在此生下小灰鯨，並且在此育幼的畫面，很自然的浮出我腦海——就在我沉浸於這樣的遠古幻想、也預計應該能用如此迷人的台灣遠古灰鯨繁殖地來完成碩士研究論文，並且希望能利用這一個解決超過百年以上的灰鯨繁殖地懸案，去申請後續到國外攻讀博士的全額獎學金時，還在研究期間、甚至在我碩士論文的口試階段，都還有人會質疑的問說：你如何能夠知道那眞的是鯨魚化石、那眞的是灰鯨的化石嗎？

你有問過國外的研究人員嗎？……不斷有諸如此類的質疑產生。

奔赴北海道，檢視最古老的灰鯨化石

碩士期間主要是跟隨台中科博館地質組古生物學門的張鈞翔研究員，但畢竟台灣沒有學術、研究機構（像科博館）可以給予碩士或博士學位，一定要透過學校單位才能完成碩士學位。和張鈞翔討論過後，東海大學大概會是最適合的學校，讓我得以進行碩士的古生物學研究——畢竟我老家就在台中，東海大學生科系的林良恭老師，也是張鈞翔所熟識的哺乳動物研究學者。

碩士班能申請到的獎學金一般都很有限，但很幸運地有指導教授林良恭的支持和幫忙，申請到一部分出國檢視標本的經費；再加上我自己掏腰包，盼望超久的國外古生物之旅終於能成行——藉由到國外觀察相關的現生和化石標本，還有親自和國外的古生物學家直接討論研究內容，對於當時仍是碩士生的我，除了超級緊張之外，那興奮感也完全壓制不下來，也想說回來之後所說的話應該會更有力道一點——才不會一直被提醒我有沒有問過國外的研究人員，好像台灣所有的研究成果，都一定要有國外研究人員的認證才能成立。

經費很有限，能去的地區和時間選擇也自然不多。翻開文獻資料，當時灰鯨屬這一類最古老的化石紀錄，是在離我們不遠的日本北海道所發現，主要的研究人員是日本福井縣立恐龍博物館的一島啓人（Ichishima Hiroto）。確認之後，沒有任何遲疑就開始規畫要到日本福井一趟，當面拜訪一島啓人，再搭著日本鐵道從位於日本本州鄰近京都的中部地區，一路到北海道去檢視最古老的灰鯨屬化石紀錄——更重要的是，北海道這一件灰鯨化石標本的保存部位，也包含了頭骨後腦勺，和台灣陳濟堂與侯立仁所收藏的灰鯨化石有很大的重疊，能提供台灣灰鯨化石形態比較和分析的關鍵資訊。

來來回回修改了好幾次的英文信，自己怎麼讀都覺得有點不太對，不確定怎樣的寫法和內容會比較適合，最後決定只要簡短、清楚的表達出我是來自台灣的碩士研究生，正在研究台灣所新發現的灰鯨化石，所以也希望能到日本拜訪一島博士和檢視相關的標本等內容就足夠了。電子郵件寄出後，心裡仍是很不安，畢竟不確定會不會收到一島啓人的回信，但心裡已經開始幻想著，自己也能真的像是在古生物相關書籍裡的國外著名古生物學家一樣，可以到世界各地的野外找尋和挖掘化石，或是到不同的博物館收藏裡檢視標本。

二〇〇八年五月二十八日是我寄信後隔天的下午，就收到了一島啓人的回信。除了能幫我安排到北海道檢視那最古老的灰鯨化石標本之外，也很歡迎我直接到福井縣立恐龍博物館去拜訪他！在幾次的信件往返後，確定了大概的行程，我就訂了機票和處理旅程相關細節，當時我日文的五十音一個都不會，但想到自己眞的能像個獨立的古生物研究員一樣到國外從事研究行程，就更覺得自己有朝一日，似乎眞的有機會能成爲一位獨當一面的古生物學家。

整趟日本的研究之旅比出發前想像的更令我回味無窮，唯一的缺憾不意外的就是經費和時間遠遠不夠——尤其當我在北海道獨自檢視那最古老的灰鯨化石標本時。在結束了人生第一趟的國外古生物研究旅途，從日本回程的飛機上主要思考的是我對於未來的規畫，在這一趟行程中也讓我更有信心往原本預計的方向前進——那就是到紐西蘭跟隨在奧塔哥大學的古生物學家福代斯攻讀博士學位，因爲拜訪一島啓人的期間，得知他也是福代斯的學生！

回到台灣面對灰鯨化石的研究主軸，比對在北海道檢視了最古老、超過兩百萬年前的灰鯨化石，也終於直接觀察到了現生的灰鯨頭骨和全身骨骼，都讓我更加堅定、清楚的知道，我在陳濟堂和侯立仁家中所看到的，一定是灰鯨屬這一類的化石紀錄。更重要的是，這兩件灰鯨化石都是才剛出生不久的幼鯨，意味著台灣的西南沿海一帶在更新世期間，很有可能是灰鯨的繁殖地。

有一定完整度、能鑑定分類位階的化石標本不只稀少，在第四話的內容也有提到，像是著名的始祖鳥被發現的機率大約只有兩億分之一。最近二〇二一年發表在《*Science*》的新研究，也針對另一個幾乎每個人都耳熟能詳的化石物種：暴龍，估算出全部存活過的暴龍大概有二十五億隻個體，以我們目前所知道的暴龍化石數量，發現的機率也是極低，大約在八千萬分之一。換句話說，在台灣能一次發現兩個灰鯨化石，而且都是極爲年輕的幼鯨，除了機率低之外，也意味著遠古的台灣確實應該有著超多的灰鯨母子，圍繞在我們台灣海峽海域進行育幼——才能有機會一箭雙鵰，也解開從一九一四年開始的灰鯨繁殖地猜謎；不是在南韓、日本、中國南邊的南中國海，而是在台灣的西南沿海一帶。

或許不是單一因素，但我個人情感上似乎會認爲台灣灰鯨化石的發現和其遠古繁殖地的假說，順利的讓我拿到紐西蘭全額獎學金攻讀博士學位。這一篇台灣灰鯨化石的研究文章也在我人已經到了紐西蘭時的二〇一四年，正式發表在國際間的古生物學研究期刊中。研究正式發表之後，我很自然的到處分享，希望讓更多人知道台灣眞有如此有趣的古生物。在一次的學術研討會，到了中國大陸跟大家講完台灣的灰鯨化石和其古繁殖地後——因爲我在演講中提到之前也有灰鯨的繁殖地是南中國海一帶的想法，在問答時間就有來自中國大陸的聽眾，提出那台灣所發現的灰鯨化石，應該是從南中國海這邊一路隨著海流漂過去的！

前往日本北海道檢視當時最古老的灰鯨化石。（蔡政修於日本北海道的天塩川歷史資料館拍攝）

古生物研究雖然歷史屬性的味道很濃厚，但仍是扎實的科學研究——可以有假說，但只要有確切的新證據就可以來推翻之前的假說。就好像我們一開始提到的竊蛋龍在一九二四年被命名，經過了七十個年頭後的一九九四年藉由新發現的化石來清楚的指出，那根本不是恐龍在偷蛋，而是在孵自己的蛋。抱有研究可能會不斷被更新的心態，我如此回答那一個「化石漂來台灣」的疑問：因爲是漁民進行底拖作業時，在海底所發現的化石，所以確實是無法排除從其他地方，像是自南中國海一路隨著洋流來到台灣和澎湖之間的海底；但如果南中國海眞的是遠古灰鯨的繁殖地，那我們就應該要能在南中國海一帶找到灰鯨才剛出生不久的幼鯨，就像在台灣所發現的一樣——不過到現在卻是沒有任何的灰鯨化石、更不用說是灰鯨寶寶被發現過了。當然我也不是說到現在都還沒有就一定沒有，只是需要有人願意投入心力和資源，來試著推翻我用台灣的灰鯨化石所提出的遠古繁殖地假說。

在上述有點官方式的回答之前，我其實先講了一句像是：沒辦法，因爲這是我的研究，所以我說了算。當然很快的接著說這是開玩笑，然後再好好回答這一個問題。事實上，這樣開玩笑似的回答，帶有了想要讓更多人意識到古生物研究、或是任何其他基礎研究的重要性。古生物研究看似只有在嘗試詮釋過去所發現的生命歷史，但不同的詮釋方式、視野，其實都會影響到我們如何看待現在的形成，和規畫未來所能前往的方向。

在西太平洋灰鯨族群滅絕之前，我們能做些什麼？

保育古生物學（Conservation Paleobiology）就是進入二十一世紀後所發展出來的一個熱門新領域。大多數人對於「保育生物學」不陌生，但聽到保育「古」生物學似乎都會抱有疑問，以爲是要保育或保護化石之類的工作。現今大多數的生物保育都是以研究現生的生物爲主，但問題在於如果不知道我們眼前生物的「過去」，又如何僅以我們當下這一個時間點的研究成果，去放眼到更大視野的尺度。保育古生物學的概念也就是藉由古生物學的研究成果，來提供我們到底該如何制定保育相關的政策，尤其是許多人都可以直覺的說出，我們目前很有可能正面臨第六次的大滅絕，如何維護整個生態系的穩定、讓我們人類也能永續的生存下去是一大挑戰——但要了解大滅絕的起因、過程，和後續生態系的復甦等議題，研究和了解過往的、古生物學尺度的那五次大滅絕當然是絕對必要，才能眞的面對第六次的大滅絕事件。

台灣所發現的化石灰鯨寶寶不只是台灣第一次有灰鯨化石的紀錄，和代表灰鯨的遠古繁殖地在台灣；台灣所發現的灰鯨化石也可以是成爲具有代表性的保育古生物學的研究案例。台灣沿岸的整個西太平洋灰鯨族群只剩下一、兩百隻個體，從族群結構看來，西太平洋的灰鯨們要像大西洋的族群一樣完全消失，大概只是時間的問題。

有趣的是，我們可以回頭想想上述提到的東太平洋灰鯨，也曾經在十九世紀末、二十世紀初走過鬼門關一遭的歷史。但就是因爲我們清楚的知道東太平洋灰鯨的繁殖地，所以能第一時間從繁殖地一帶訂下保育政策，讓東太平洋的灰鯨們有機會不斷孕育下一代的灰鯨寶寶，進而讓整個已經走進滅絕的族群再度起死回生。現在，藉由古生物的研究，我們得知台灣西南沿海曾經是灰鯨的古繁殖地，如果來得及在西太平洋灰鯨族群滅絕之前投入更多心力、資源來研究，並且嘗試重建出當時灰鯨利用台灣周圍海域當繁殖地的環境狀況，相信就能有機會復育起西太平洋的灰鯨，讓台灣西南沿海區域再次成爲灰鯨的繁殖地——這也就是有了古生物學的扎實研究成果，結合保育生物學後，所能給予未來前景的「保育古生物學」。

台灣的灰鯨化石標本能從單純的分類鑑定研究，到大尺度的保育古生物學應用，我每次想到都還是會心跳加速。不過，古生物學知識的推廣和後續的應用，並不是寫完研究、或是有相關的科普文章就告一段落。博物館在推廣古生物學進展的角色極度重要，因爲世界各地主要的博物館可以說是每一個小朋友成長過程一定會參觀的單位，也就很自然的會成爲大多數小朋友，第一手接觸到正式介紹古生物學的場域。像是竊蛋龍從一九二四年到一九九四年相隔七十年後的研究歷史，顛覆了竊蛋假說，不只如此，竊蛋龍從偷蛋恐龍搖身一變成爲孵蛋恐龍的形象，吸引了全世界的注意——幾乎各大博物館都曾經設計過竊蛋龍的展覽，來介紹這一個古生物學研究進展的經典例子。

規畫台南左鎭化石園區二〇二〇到二〇二一年中「鰭幻足跡」展覽的設計公司來詢問我的意見時，我當然強烈建議台灣所發現的灰鯨化石是很適合的一個展示對象，能讓前來參觀的大、小朋友不只知道台灣有發現灰鯨這種能長達十五公尺的大型古生物化石類群，還有背後的古生態意義和後續的保育古生物學價值等，都會是一個很好發揮、策展的研究成果。

給完建議後我也沒有直接參與設計公司的展覽內容和規畫等工作，只是在「鰭幻足跡」開展後去參觀時，看到從陳濟堂的私人台南大地化石礦石博物館借來的灰鯨化石標本，被擺放得有點隨便（當時我給設計公司建議時，這兩件標本的所在地分別爲陳濟堂的標本仍在台南的大地化石礦石博物館，另一件灰鯨化石原來是侯立仁的私人收藏，已經進到了台中國立自然科學博物館的典藏系統），再加上介紹的說明感覺也有點草率，更讓我深刻意識到博物館在古生物展覽設計和推廣的重要性。畢竟，能看到自己研究的化石標本正式登上博物館的展場當然很興奮，但如果少了來龍去脈的解說和吸引人的呈現方式，或許不只會讓民眾參觀時覺得該展覽不知所云，也似乎會容易讓人誤以爲只是想將標本放進展場，來消耗掉博物館裡的空間。

化石本身無法說出它們自己所隱含的、令人著迷的演化歷程或古生態故事，所以需要有古生物學家們的研究工作來幫忙說出遠古生物們的祕密，或架構出那古生態的場景等。西太平洋灰鯨族群的繁殖地最早有確切紀錄，科學上的猜測是在一九一四年，由安德魯斯（R.C. Andrews）提出應該是在南韓南部的海域，後續再由日本的研究員在一九七四和中國的研究員於一九八四年，分別認爲應該是在日本

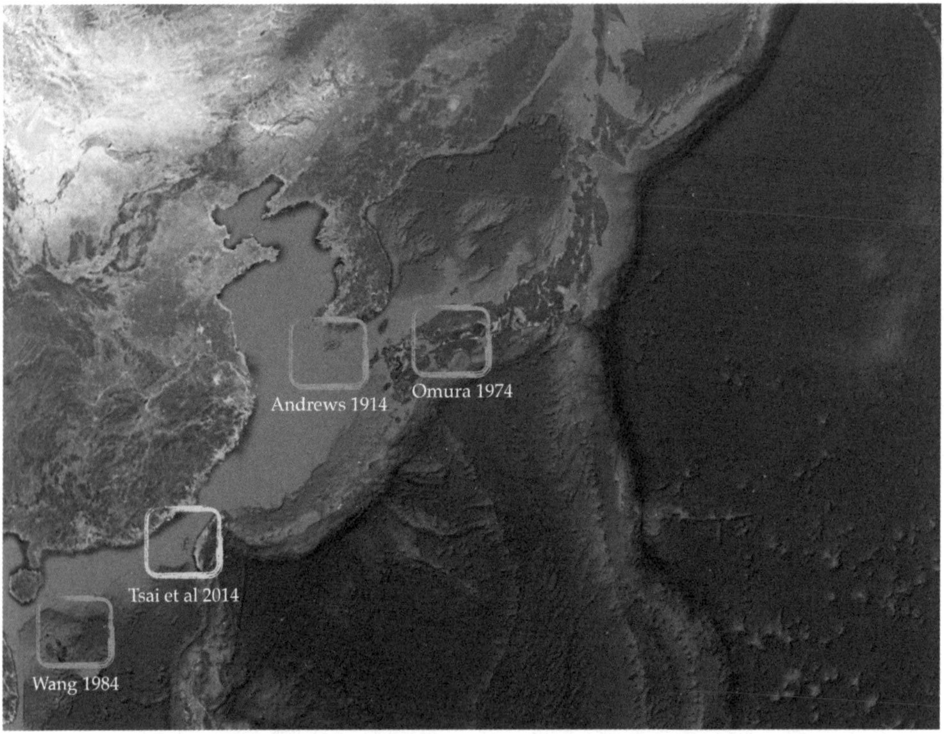

西太平洋灰鯨繁殖地的不同假說，從一九一四年南韓周圍的海域到一百年後二〇一四年的台灣海峽！（蔡政修利用 Google Map 所製作的西太平洋不同灰鯨繁殖地的假說）

的瀨戶內海和南中國海的想法，但都沒有確切的證據。

從一九一四年算起，到二〇一四年我們發表台灣灰鯨化石和其古繁殖地的假說，剛好相隔了一百年！或許很大一部分是私心，但身為古生物學家，我個人還是會認為，台灣所發現的灰鯨化石和其育幼的親子故事，不比竊蛋龍隔了七十年被證實為孵蛋龍差——或許該說這是無法、也不該如此比較，而是研究的強度、經費的深度、受關注的程度，和博物館的知名度（現實就是位於紐約的美國自然史博物館，在古生物學研究的地位極為崇高）等因素造成的差異，所以在蒙古找到的竊蛋龍故事於全世界廣為人知，但在台灣所發現的遠古灰鯨繁殖地，卻連台灣本地到目前知道的人似乎都是極為少數。

每天所接觸的、面對的基本上都是已經滅絕了幾十萬、百萬、千萬年以上的古生物，等個一百年才有新的研究突破，好像也沒有什麼太了不起（只是我已經不在了），但竊蛋龍不只在七十年後成為了孵蛋龍——知道這故事的人似乎絕大多數人都會以為這孵蛋龍是媽媽在孵蛋（因為原始在一九九四年所發表的研究標本被暱稱為：Big Mama），但進入了二十一世紀後又有新的研究指出，竊蛋龍這一類會孵蛋的恐龍應該是爸爸在孵蛋！

二〇一四年在國際間的古生物期刊刊登了台灣灰鯨化石的研究後，我陸陸續續和美國、歐洲地區的古生物學家們，分別發表了在美國加州和歐洲比利時所發現的灰鯨化石，也檢視、審查了最新在日本所發現的灰鯨化石新物種等研究。結合全世界各地最新的灰鯨化石相關研究成果，在遠古台灣育幼、傳宗接代的灰鯨們又占據了什麼地位？後續大海撈針似的古生物研究工作，又會如何更新我們對於那目前只能閉上眼睛，幻想在台灣西南沿海溫馨的灰鯨育幼畫面呢？讓我們對於腳底下的世界保持好奇、持續的探索，將「鯨」奇的故事一一揭開。

參考書目&延伸閱讀

＊Tsai, C.-H., Fordyce, R. E., Chang, C.-H., and Lin, L.-K. 2014. Quaternary fossil gray whales from Taiwan. *Paleontological Research* 18:82-93.
台灣首次發現的灰鯨化石，這兩件都是保存了頭部後方的標本。經由體型的估算，這兩件灰鯨化石的個體都落在大約五公尺左右——用人類的尺度

來思考或許算巨大，但灰鯨能達到十五公尺，五公尺的大小算是才剛出生不久的小灰鯨寶寶（現生灰鯨剛出生的體型落在三點五到五公尺）。這樣的發現也因此能讓我們推論遠古的台灣海峽一帶海域應該是灰鯨的繁殖地。灰鯨化石的發現與介紹也可以參考我另外撰寫的文章：

＊蔡政修，〈灰鯨化石在台灣〉，「環境資訊中心」：https://e-info.org.tw/node/99194，二〇一四年。

＊蔡政修，〈台灣的鯨魚化石告訴了我們什麼?〉，「國家地理」：https://www.natgeomedia.com/environment/article/content-1866.html，二〇一六年。

＊Andrews, R. C. 1914. Monographs of the Pacific Cetacea: the California gray whale (Rhachianectes glaucus Cope). *Memoirs of the American Museum of Natural History* 1:227:287.

＊Omura, H. 1974. Possible migration route of the gray whale on the coast of Japan. *Scientific Reports of the Whales Research Institute* 26:1-14.

* Wang, P. 1984. Distribution of the gray whale (Eschrichtius gibbosus) off the coast of China. *Acta Theriologica Sinica* 4:21-26.

西太平洋灰鯨的繁殖地長期以來不爲人所知，因此從一九一四年開始就有對於西太平洋灰鯨繁殖地的猜測——上述這三篇指出灰鯨的繁殖地可能分別爲：南韓、日本、南中國海等不同海域，但都沒有確切的證據。相隔一百年後的二〇一四年，我們在台灣海域發現了灰鯨寶寶的化石，首次有清楚的證據能推論西太平洋灰鯨的繁殖地應該是在台灣海峽。

* Osborn, H. F. 1924. Three new Theropoda, Protoceratops zone, central Mongolia. *American Museum Novitates* 144:1-12.

* Norell, M. A., Clark, J. M., Demberelyin, D., Rhinchen, B., Chiappe, L. M., Davidson, A. R., Malcolm, M. C., Altangerel, P., and Novacek, M. J. 1994. A theropd dinosaur embryo and the affinities of the Flaming Cliffs dinosaur eggs. *Science* 266:779-782.

* Varricchio, D. J., Moore, J. R., Erickson, G. M., Norell, M. A., Jackson, F. D.,

and Borkowski, J. J. 2008. Avian paternal care had dinosaur origin. *Science* 322:1826-1828.

竊蛋龍的例子可以說是舉世聞名。上述所列的就是於一九二四年所發表的原始研究文章，和七十年後有確切的新證據來證實「竊蛋龍」並不是在偷蛋，而是在保護自己的蛋的「護蛋龍」。更有趣的是後續在二〇〇八年的研究成果推論在保護蛋的恐龍應該是爸爸（雄性個體），而不是媽媽在孵蛋。

* Ichishima, H., Sato, E., Sagayama, T., and Kimura, M. 2006. The oldest record of Eschrichtiidae (Cetacea: Mysticeti) from the Late Pliocene, Hokkaido, Japan. *Journal of Paleontology* 80:367-379.

* Kimura, T., Hasegawa, Y., Kohno, N. 2018. A new species of the genus Eschrichtius (Cetacea: Mysticeti) from the Early Pleistocene of Japan. *Paleontological Research* 22:1-19.

* Tsai, C.-H., and Boessenecker, R. W. 2015. An Early Pleistocene gray whale

(Cetacea: Eschrichtiidae) from the Rio Dell Formation of northern California. *Journal of Paleontology* 89:103-109.

* Tsai, C.-H., Collareta, A., and Bosselaers, M. 2020. A Pliocene gray whale (Eschrichtius sp.) from the eastern North Atlantic. *Rivista Italiana di Paleontologia e Stratigrafia* 126:189-196.
現生的灰鯨目前只有生存於北太平洋。除了上述提到台灣所發現的灰鯨化石之外，如日本和美國也都有發現灰鯨的化石，但都不是像台灣一樣是剛出生不久的灰鯨寶寶。另外，日本也有發現生存於更新世時期、但完全滅絕的灰鯨物種，或是在北大西洋也有發現灰鯨的化石。

* Melville, H. 1851. Moby-Dick; or, *The Whale*. Harper & Brothers.
這一本《白鯨記》不只是文學界的經典著作，對於捕鯨也有鉅細靡遺的描述。捕鯨在當時是很重要的經濟活動，但也造成了如灰鯨的族群量大幅下降。

*Marshall, C. R., Latorre, D. V., Wilson, C. J., Frank, T. M., Magoulick, K. M., Zimmt, J. B., and Poust, A. W. 2021. Absolute abundance and preservation rate of Tyrannosaurus rex. *Science* 372:284-287.

即使要知道現生特定物種的族群數量就已經很不容易，想要知道化石物種的族群數量幾乎是天方夜譚，或是只能給一個很大概的猜測。利用幾乎是無人不知的暴龍化石，這一個研究成果推估出生存過的成體暴龍大約有二十五億隻個體。

【第六話】

豐玉姬鱷
——身世坎坷、但大難不死必有後福的鱷魚公主？

台南所發現的鱷魚化石。一九三六年被發表、是台灣和日本首次發現的鱷魚化石，長期以來被認為在二次大戰中給炸毀。（蔡政修於日本的早稻田大學拍攝）

「喔！就是這一件標本嗎？」

二〇一八年一月中剛從日本搬回台灣，準備二月一日正式在台灣大學生命科學系任教和從事古生物研究工作。我才剛成立的古脊椎動物演化及多樣性實驗室還在一片混亂當中，勉強清出一小區的工作空間。每天就在準備新開設的古生物相關課程內容、熟悉學校行政流程和有點繁瑣的細節，以及撰寫並思考接下來的古生物研究規畫、準備提出的研究計畫書等過程中，一天一天流逝。

兩個月後的四月一日愚人節，或許是開了台灣古生物學的一個玩笑，當天有一份國際間古生物研究期刊：由日本古生物學會所發行的《*Paleontological Research*（古生物研究）》，刊登了一篇關於台灣鱷魚化石的研究文章！

被戰火摧殘的坎坷身世

詳細讀完文章後，確認這一件在台灣所發現的鱷魚化石，目前是典藏在日本的早稻田大學。讓我興致勃勃的開始在網路上找回日本的機票，思考準備寫信給早稻田大學的古生物學家、也是這篇新研究的共同作者之一的平山廉（Hirayama Ren）教授，詢問方便我過去拜訪、親自檢視化石標本的日期。當時或許覺得日子有點漫長，但現在回過頭來看，很快的，在四個多月後的八月二十一日，我人就到了早稻田大學親眼觀察、親手拿著台灣有史以來第一次被發現的鱷魚化石標本。

有趣的是，二〇一八年由平山廉和其當時的研究生伊藤愛（Ito Ai）、還有其他四位日本研究員一起共同發表的這一

來到早稻田大學拜訪平山廉。我手上拿著、檢視台灣（也是日本）有史以來第一次被發現的鱷魚化石。（拍攝於日本的早稻田大學）

件台灣發現的鱷魚化石，並不是第一次被正式記載，而是可以回溯到超過八十年前的一九三六年，就已經由德永重康（Tokunaga Shigeyasui）在《地質學雜誌》中用大約半頁篇幅（內容的全文只有十二行的文字），記錄了台灣首次發現的鱷魚化石——即使不懂日文，但光看德永重康這篇一九三六年的標題：「日本にて鰐の化石の発見」，和開頭的第一句話：「本標品は臺灣臺南州新化郡左鎭庄にて発見されたる者にして」——畢竟當時台灣確實就是日本的一部分，但撇開台灣的國籍議題，這篇一九三六年的文章就是記錄了台灣這塊土地上所發現的第一件鱷魚化石。

光看一九三六年的文章和相隔了超過八十年、發表在二〇一八年的續集，或許會覺得台灣的古生物研究純粹只是長期以來被冷落，沒有什麼人重視，所以才會隔了將近一世紀再由日本的古生物學家們重新檢視、研究這一件當時德永重康在簡短的文章最後寫下了：「多分新種類に屬する者なる可し」，很有可能是新物種鱷魚化石的結論——二〇一八年的研究成果也確實支持了德永重康的猜想。

在我們進一步揭開德永重康一九三六年所記載的台灣第一件鱷魚化石眞面貌前，這一件標本其實有著滿坎坷的身世之謎。因爲德永重康那只有半頁左右的文章，沒有附上任何圖片，再加上發表的時間點是一九三六年，絕大多數人還沒能好好的認識、將心思放在台灣有史以來的第一件鱷魚化石的正式紀錄，而日本在這一段期間直到第二次世界大戰於一九四五年正式落幕前，都還是處在不安穩的時期，經過無情砲火、彈雨叢林的洗禮，當世界在一九四五年冷靜下來後，這件對於台灣不論是在古生物的研究歷史、或是在古生物的基礎研究上，都具備了高度意義和價值的鱷魚化石標本，似乎也已經成爲了二戰的亡魂之一了。

台灣首次發現、並且在一九三六年正式進入到文獻紀錄的鱷魚化石標本，就遭遇到了二次大戰的命運。似乎也無法多說什麼，畢竟人類在戰爭期間連人命都可以盡情摧毀了，把原本就已經失去生命、形成了化石並且讓我們發現，有機會藉由古生物研究工作來「重生」的生命再次剝奪掉，或許也不會太令人意外。

跟著戰火一起離開我們的化石標本，在全世界的古生物研究歷史中也並不令人陌生。生存於中生代白堊紀的獸腳類恐龍：埃及棘龍（*Spinosaurus aegyptiacus*）大概就能算是一個很經典的例子。一九一二年在埃及被發現後，原始的化石標本都被送到德國，由古生物學家斯特洛姆（Ernst Stromer）進行研究，在一九一五年發表、命名了新屬新種的埃及棘龍。

埃及棘龍最關鍵的模式標本典藏在德國慕尼黑的古生物博物館（Paläontologisches

Museum München），但不只埃及棘龍，還有保存了眾多古生物化石的那一棟建築物，就在一九四四年四月二十四日的晚上德國受到英國大規模轟炸後，全部成爲了灰燼。不過，棘龍至少在一九一五年有被斯特洛姆發表，所以可以找到相關的文獻紀錄。但有更多還沒有被研究、正式刊登在古生物研究期刊中的大量化石們，就眞的是屍骨無存了——再次成爲了就好像從來沒有被人類發現、挖掘出來過的化石一樣。

不像是德永重康一九三六年簡短記載、沒有附圖的文章——即使最後結論提出了當時在台灣所發現的鱷魚化石很有可能是新種，但斯特洛姆在一九一五年的研究是正式命名了埃及棘龍這一種頭部像鱷魚的白堊紀新屬新種的獸腳類恐龍，因此在文章中也附上了所找到的埃及棘龍原始化石標本的精美插圖。雖然化石有限，但也清楚的呈現出埃及棘龍的部分骨骼形態，並成爲了埃及棘龍模式標本在二戰期間被完全炸毀後的重要依據。

有圖有眞相。埃及棘龍從古生物研究最關鍵的模式標本在二戰魂飛魄散之後，藉由有著確切、古怪的形態特徵——像是脊椎骨有著不成比例、超長的棘突（spinous process，也是爲什麼會被取名爲「棘龍」的原因），讓後續研究人員能在野外尋找、挖掘到全新的化石標本後，可藉由棘龍在獸腳類恐龍中獨特的形態特徵，進一步判定到底新找到的化石是不是該隸屬於棘龍。古生物學家通常都有特定的研究類群或領域，畢竟古生物的類群和範疇多到沒有任何一個人能完全知道、掌握。但在野外尋找化石，甚至是開始挖掘時都還無法確認到底腳底下的化石會是哪一種，通常都要等到化石帶回實驗室清修、研究其保存下來的形態特徵，才能確定到底發現的是原先就已經知道的物種，還是其實是全新、先前仍未知、等著我們給予新名字的遠古生物。

古生物學家持續在世界各地探索，雖然不是在埃及，但是更完整的棘龍化石在非洲的摩洛哥被發現，就在棘龍被命名要滿一百年的前一年：二〇一四年，關於棘龍化石的新研究成果，不只發表在舉世矚目的《*Science*》研究期刊，也完全推翻了我們對於中生代非鳥類恐龍演化的認知。因爲被歸類在獸腳類恐龍的棘龍，很有可能達到十五公尺長，而且還是首次有強力的證據，指出中生代非鳥類恐龍也有水棲性的類群——這引發了後續全球古生物學家的關注和爭論。

和一九一五年由斯特洛姆發表的棘龍狀況不同，德永重康一九三六年的文章裡並沒有清楚指出台灣所發現鱷魚化石的保存地點——再加上德永重康在二戰結束前的一九四〇年就過世，所以在二戰後續的轟炸過程，以及之後面目全非的狀況下，就沒有人知道這台灣第一件鱷魚化石的下落，也很自然的認爲當時化石已經像是埃及棘龍的模式標本一樣，成爲了二戰的犧牲者——日本著名的古生物學家鹿間時夫在一篇一九七二年用英文撰寫的研究文章裡，也清楚說明德永的標本在戰爭期間已經被摧毀了（原文：Tokunaga's specimen was destroyed during the War in Tokyo）。

當「齒槽」成爲解謎比對的關鍵

故事的發展總是常常在不經意下發生。迷人、也幸運的是，雖然已經隔了好幾代，但和德永重康同爲日本早稻田大學教授及古生物學家的平山廉，在二〇一二年與當時碩士班研究生的伊藤愛來到了早稻田大學位於埼玉縣（早稻田大學的主要校區是在東京）的收藏庫，開始翻箱倒櫃的重新整理年代已經有點久遠、灰塵感覺都快將標本們給淹沒的地方——這個對於早稻田大學大部分學生都不熟悉的校區裡，經過將近一年左右的時間整理、確認標本的狀況後，在二〇一三年發現一個箱子裡裝有鱷魚的化石，而標籤上寫著台灣第三紀（地質年代）鱷魚的相關資訊，清楚的指出這是一件從台灣發現的鱷魚化石標本。

早稻田大學裡所收藏台灣發現的鱷魚化石，在目前二十一世紀已經過五分之一的這個時間點，或許不少人會覺得有點納悶。但平山廉和伊藤愛等人當時重新發現這一件標本時，也很自然的聯想到二戰之前的德永重康，並找到德永一九三六年的文章來確認——畢竟德永重康在一九四〇年過世前，不只是早稻田大學的教授，也是當時日本古生物學會的會長。在日本現今的古生物學界裡，對於早期的發展歷程有點熟悉的話，不太可能不知道德永重康這一號人物，再加上平山廉也是早稻田大學的教授，很快就將眼前這一件來自台灣的化石標本，和德永一九三六年的文章湊在一起。

根本的問題仍是存在，因爲德永一九三六年的文章沒有附上任何圖片。平山廉和伊藤愛等人發現了一件看似已經被遺忘許久的化石，標本似乎受到重擊一樣的變成四分五裂，整體外觀像是有被燒過一樣的痕跡，也讓平山廉和伊藤愛等人推測應該是受到二戰就快完結前的一九四五年五月二十五日東京所受到的空襲轟炸，才讓這一件化石標本看來就是有經歷過戰爭的洗滌——德永重康當時雖然已經過世，但他原本任屬的早稻田大學理工部所在地：東京新宿一帶也沒有躲過美國一連串「東京大空襲」。再加上不只鹿間時夫在一九七二年的研究文章，連德永重康的小孩：德永重元也在一九八五年一篇追憶父親的文章裡，清楚的指出他父親當時在早稻田大學所收藏的化石和其他相關標本，都在二戰的太平洋戰爭空襲期間全部消失殆盡。

不論德永的標本們是不是眞的在二戰期間完全被炸毀，回到平山廉和伊藤愛等人在二〇一三年發現的鱷魚化石標本本身，因爲保存狀況很清楚的就是遭受過重擊——標本從原本看來應該是一整塊的化石，變成好像是被人直接拿地質槌在野外尋找、挖化石時不小心敲破，不只有一整面的化石剝落，還散落成許多的小化石碎片！所以當下最重要的工作就是要先將這一件意外尋獲的化石標本修復，盡可能的還原出應該是在二戰期間被破壞前的形態樣貌，從而進一步再回過頭來重新一句、一句的比對，和分析德永一九三六年的文章裡，所提到的任何蛛絲馬跡——畢竟德永的這一篇文章並不長，全文只有A4大小的半頁、行數也只有十二行，只要一手握有復原的標本、一手閱讀德永的文獻，解開早稻田大學這一件謎樣、存活過二戰轟炸的台灣鱷魚化石眞實身分，似乎就近在眼前了。

許多碎成粉末狀的部分已經沒有機會再回到化石的本體上，但是將斷裂的標本部分小心的黏回去後，整個鱷魚化石標本主要的結構、形態等關鍵特徵也都能清楚的被觀察到——小心翼翼的翻轉著標本，可以判斷這應該是頭部裡嘴巴的一部分，因爲有著清楚的齒槽，雖然沒有任何牙齒保存在齒槽裡，或是散落在標本周圍。有了大致復原的標本後，再回過頭來檢視德永一九三六年的文章，可以讀到德永對於標本的描述包含了像是：標本是頭部的一部分、前端細長、有圓錐狀的齒槽、左右兩邊各保存了六個齒槽、沒有實際的牙齒，但從齒槽大小可以判斷出牙齒的尺寸算很大等形態特徵。

沒有任何圖片可以參考，但從德永的形態描述來比對這一個在二戰受到重傷、但仍死裡逃生的鱷魚標本，幾乎是完全符合。除了左右兩邊並不是眞的都保存了六個齒槽，標本在修補、復原後的現況是右邊可以清楚看到四個齒槽，再往前和往後也都還可以判斷齒槽的存在，只是不完整，所以還是勉強可以算是六個齒槽。不過左邊的完整齒槽只有三個、再加上前後各一個殘缺的齒槽，也只能算是五個齒槽，所以即使假設德永的六個齒槽也包含了前、後破碎的齒槽，也確實是和目前平山廉和伊藤愛等人手上的標本不太一樣。

有這樣的差異並不能完全斷定，在早稻田大學收藏庫裡發現了沉睡已久的鱷魚化石，和德永一九三六年所記載的是不同件標本。因爲平山廉和伊藤愛等人正在檢視的標本有著清楚遭遇過二戰的痕跡——左邊少了一個齒槽的原因很有可能是在轟炸的過程中被破壞，而那一部分的化石並沒有被發現，或是碎裂得太嚴重、成爲了那散落的化石粉末，沒有辦法重新復原到化石的本體上，來呈現出德永重康所看到的樣貌。

差一個齒槽的數量、距離、大小等形態結構的差異，或許聽起來好像沒有什麼大不了，但在古生物學家的眼中卻是會被斤斤計較。因爲這不只可能會影響到牠們的攝食行爲、咬合力道，還有最根本的分類辨識和親緣關係都有密切的連結！像是以鱷魚化石來說，我們會去「數」上顎骨（解剖上的骨骼名稱爲：maxilla）的齒槽中最大的是哪一顆——是第三、四、五、六，還是七呢？

好像是小學生在學數字，但看似如此基礎的認知下，其實隱含了鱷魚們的祕密，因爲生存於中生代時期的沙漠鱷類就是第三顆上顎齒最大，現生的短吻鱷和凱門鱷類們最大的上顎齒是第四顆，包含了目前最大的鱷魚：鹹水鱷的鱷類們卻是第五顆的上顎齒最大，有最大的第六顆上顎齒的鱷魚就相對少，主要只有出現在已經滅絕的蓋爾鱷類（*Gavialosuchus*），而馬來鱷類中已滅絕的豐玉姬鱷類（*Toyotamaphimeia*）有著第七顆最大的上顎齒！更有趣的是，選項可不只有三四五六七，但我們就先不在此花更多篇幅，主要就是希望能讓大家感受到很多看似不重要的形態差異、特徵，古生物學家們都會試著去將它們挑出來細細品味、檢視，然後再深入的進行分析，看看那能提供我們「透視」遠古世界面貌的魔鬼細節，到底藏在哪邊。

保護化石需要未雨綢繆

早稻田大學收藏庫裡所重新發現的台灣鱷魚化石標本還沒有進展到深入研究，如上述上顎齒大小相關的形態差異分析——雖然這一件標本確實就是上顎骨和其保存的部分齒槽，而現階段是先需要解決平山廉和伊藤愛所發現的台灣鱷魚化石，是一件全新、在二戰之前就從台灣來到日本，從來沒有被研究過的標本，還是德永重康在一九三六年用文字所記載下的標本？

標本的整體形態除了左邊的齒槽數目和德永描述的數量差一個，其他基本上都完全符合德永當時所看到的形態特徵。而標本本身也經歷過轟炸事件，發現時標本也是破碎的狀態，耗費了相當的時間來修復——但也無法保證能完全還原出二戰前的面貌，所以平山廉和伊藤愛等人也在二〇一八年的研究文章中，很自然的將這一件在早稻田大學收藏庫裡重新發現的超陳年台灣鱷魚化石，鑑定爲德永一九三六年所簡短的文字記載，沒有附上圖片、且長期以來一直被認爲在二戰中消失的標本。

具有如此坎坷的背景，又大難不死的台灣第一件鱷魚化石標本，似乎滿符合用來形容在台灣居住、成長的人民：草根性——有著堅毅不拔、頑強的生命力。但身爲古生物學家，我個人倒是覺得已經沉睡了千、百萬年以上的化石們，本身並沒有什麼生命力，反而需要我們眞的願意投入心思和資源來保存、研究，從而賦予它們第二生命，來跟更多人訴說出那迷人、未知的遠古面貌，讓我們理解現今的形成——像是提到台灣有鱷魚化石這一事實，或許大多數人第一個會想到的疑問，大概就是那爲什麼現在台灣沒有任何野生的鱷魚存活下來？

早稻田大學所典藏的這一件台灣鱷魚化石能存活過二戰的轟炸，然後再次被重新發現，而不是像棘龍的模式標本在二戰期間，被清理得乾乾淨淨——因爲保存了眾多古生物標本的建築物整棟被炸毀！眞的大概只能說是極度幸運。回頭想想我們在第四話提過，在台灣風靡一時的犀牛化石，一九八四年由大塚裕之和林朝棨鑑定、命名爲中國犀牛的早坂亞種後，到現在仍是台灣大多數人主要聽過、認識的，從台灣所發現的大型脊椎動物化石；但才不到幾十年光陰，也沒有經歷過世界大戰，當時大塚裕之和林朝棨所檢視的二十二件標本就已經湊不齊了——這深深地提醒我們標本的保存、管理、維護等工作有多麼重要。

關於化石標本和二戰期間的故事，台灣的第一件鱷魚化石標本很幸運的存活了下來，但對於極度重要的標本，或許我們該主動出擊來試著保護，而不是被動的「期待」化石標本不會受到任何損傷或不見。在古生物研究的歷史上，就曾經有一個爲了保護原始化石標本避免受到二戰影響，而轉賣到別的博物館的故事，更有趣的是這一個標本還是幾乎沒有人不知道的化石物種：暴龍！

美國自然史博物館的奧斯本在一九〇五年命名了暴龍後，承載了暴龍這一個名稱的模式標本，也就是爲什麼暴龍可以成爲暴龍最關鍵的化石標本，理所當然的典藏在位於紐約的美國自然史博物館（American Museum of Natural History，簡稱爲AMNH），標本編號爲：AMNH 973。但現在如果想要看這一件命名了暴龍的模式標本，卻要跑到卡內基自然史博物館（目前標本編號爲：CM 9380）。一九四一年美國正式加入了二戰的行列後，位於紐約的美國自然史博物館擔心自己會成爲戰爭下的犧牲品——因爲如果真的被轟炸到就來不及了，因此決定讓暴龍的模式標本離開眾所矚目的紐約，尤其在戰爭期間，紐約的名聲或許會成爲大家「擒賊先擒王」的是非之地。

最後以當時的七千美金將暴龍的模式標本賣到了卡內基自然史博物館，考慮到通貨膨漲等因素，一九四一年的七千美金大約是現下的十二萬八千美金，再用目前的匯率轉換，差不多是三百六十萬左右的新台幣。想想二〇二〇年有一件暴龍的化石在紐約公開拍賣中被哄抬到將近十億新台幣的價位——卡內基自然史博物館用三百多萬的台幣價格買到在暴龍研究史中最關鍵、奠基了「暴龍」這一個身分的模式標本，可以說是超級值回票價。

有趣的是，距離美國自然史博物館大約六百公里車程的卡內基自然史博物館，可以有機會買到暴龍的模式標本，還眞的是運氣挺不錯。最一開始的時候，美國紐約自然史博物館有了爲保護暴龍模式標本而出售的想法時，原本是想要賣給地理位置較相近、只有一百二十五公里左右車程的耶魯大學——因爲當時找到這一件暴龍模式標本的成員，主要就是由美國自然史博物館的布郎（Barnum Brown）和耶魯大學的伙伴一起到蒙大拿（Montana）的野外去尋找化石，從而挖掘回去的重大發現。不過當美國紐約自然史博物館詢問耶魯大學購買暴龍模式標本的意願時，耶魯大學並沒有回覆，才會轉而向財力雄厚的卡內基自然史博物館探口風，最後完成了古生物眾多類群中，幾乎可以說是最著名的物種：暴龍模式標本的交易。

最後美國自然史博物館也安然度過了二戰，但有如此未雨綢繆要保護暴龍化石模式標本的想法，清楚地呈現出他們對於古生物學的研究領域有多重視，也就不意外爲什麼幾乎可以說是古生物學的代名詞：恐龍（Dinosauria）這一個正式的分類學詞彙能引領風潮。此詞彙由英國的歐文於一八四二年創立後，眞的開始風靡全球、發展起天文數字的古生物經濟，源自於美國克里頓在一九九〇年出版的小說和一九九三年好萊塢所拍攝出的同名電影：《侏羅紀公園》——而這成果也很清楚需要奠基在長期的、扎實的古生物基礎研究工作之上，就好像暴龍是在一九〇五年被命名，而另一個幾乎每個人都喊得出名號的三角龍，更是在一八八九年就被發現、命名了！

新屬種「待兼豐玉姫鱷」的出現

再拉回來平山廉和伊藤愛等人重新發現的台灣鱷魚化石，斷定了這件應該是德永重康在一九三六年記載的標本，除了有重新發現的歷史意義後，下一步很清楚的就是希望能藉由被保存下來、即使很有限的形態特徵，嘗試來判定這件鱷魚化石到底是隸屬於哪一種鱷魚。德永在當時的文章裡，就有提到從台灣這一件保留了鱷魚吻部（也就是嘴巴）前端有點細長的形態來看，應該是屬於長吻鱷類或是馬來鱷類的鱷魚物種，再加上長吻鱷類和馬來鱷類目前都各只有一種現生的物種，德永就更進一步判斷台灣所發現的這一件標本牙齒數量較少，但有著較大的牙齒（都是從齒槽來推論），和現生的長吻鱷類、馬來鱷類都有差異，才會讓德永在短短十二行的文章最後的結論，寫下了台灣這件鱷魚化石，很有可能是新的鱷魚物種。

德永在一九三六年寫下這一篇文章時，手邊能拿來和台灣所發現的鱷魚化石標本比對和分析的相關鱷魚資料、標本都非常有限，但到了平山廉和伊藤愛等人在早稻田大學收藏庫裡，重新發現這一件標本的二〇一三年，不只這將近八十年來的期間全世界有超多新的鱷魚化石被發表，電腦與網路的發達也讓尋找相關的文獻資料或分析方法等研究工作，變得更加平易近人——其中很關鍵的就是一九六四年在日本的大阪，找到了相當完整的鱷魚化石，並且隔年的一九六五年就被命名爲全新的馬來鱷類物種：待兼馬來鱷（*Tomistoma machikanense*）。

有趣的是，待兼馬來鱷在被命名不到二十年後的一九八三年，青木良輔（Aoki Riosuke）根據此模式標本保存良好的頭骨形態特徵，將待兼馬來鱷移出了馬來鱷這一個屬的分類，並且命名了一個全新的屬：*Toyotamaphimeia*——中文可以翻成「豐玉姬鱷」，因爲這一個名稱是青木良輔取自日本神話中的海神之女：Toyotamaphime（豐玉姬），而豐玉姬在神話之中化身爲鱷魚的形態，所以很適合拿來用在日本所發現的新鱷魚類群。拼法有一些小更動，但原來的待兼馬來鱷就變成了：待兼豐玉姬鱷（*Toyotamaphimeia machikanensis*）。

青木良輔將大阪的標本更名爲豐玉姬鱷的關鍵形態之一，就是在鱷魚類群中最大上顎齒的位置差異——因爲現生馬來鱷最大的上顎齒出現在第五顆，而大阪的這一件相當完整的鱷魚化石，最大的上顎齒卻是在第七顆。光是上顎骨的牙齒序列中「最大牙齒」是哪一顆的這個差異，長期以來在鱷魚分類裡就是具有一定的代表性形態特徵，再加上上顎最大的牙齒爲第七顆，是有史以來第一次在鱷魚類群中發現，而大阪在標本相當完整的保存狀況下，判斷也沒有任何的病症會造成這樣的形態差異，以上皆指出第七顆最大的上顎齒，確實是大阪所發現鱷魚化石非常獨特的形態；再加上其他結構差異，都支持大阪的鱷魚化石確實是足夠另外成立一個新屬新種，也就是青木所使用的「待兼豐玉姬鱷」。

已經完全滅絕的待兼豐玉姬鱷所出沒的時間點是更新世，而早稻田大學裡的台灣鱷魚標本雖然沒有確切的地層資料，但由德永一九三六年的簡短描述中，也大概可以判斷是在台南的更新世時期所發現的化石。再加上到目前爲止，日本、台灣等地區在更新世的年代中所發現最完整的鱷魚化石標本，就是待兼豐玉姬鱷的模式標本，所以平山廉和伊藤愛等人在二〇一三年重新發現台灣的標本時，就有了非常適合、足以和此標本進行比較和分析的化石物種。

台灣標本總共保存了不到二十公分的長度，前後那不完整的斷面也確實很容易讓人摸不著頭緒。但靜下心來觀察，光是左右兩邊的齒槽和那沿著邊緣的曲線，就很清楚的指出這應該是在吻部滿前端的部分。不過，光是可以觀察到六個齒槽的數量，又沒有看到任何骨頭和骨頭之間的縫合線，說明了這一小段的鱷魚吻部化石，並沒有保存到前顎骨（premaxilla），而都是上顎骨的部分——因爲鱷魚前顎骨所帶有的牙齒數量不會超過五顆。

在這樣的架構下，有趣的就來了。透過這一排齒槽可以很清楚的看到從前往後有越來越大的趨勢，所以就可以先排除掉德永在一九三六年有提到這件標本的可能歸屬類群：長吻鱷。因爲現生長吻鱷的整排牙齒都差不多大，但也不能歸在德永的另一個猜測的鱷類裡：馬來鱷。因爲現生馬來鱷的最大上顎齒是在第五顆，所以即使最前面那一個斷裂的齒槽是上顎齒第一顆牙齒，台灣標本的最大上顎齒至少會落在從前面開始數的第六顆。吻部前端也沒有完整的保存，不過只有一小段的台灣鱷魚化石標本，在上顎齒的形態差異已經很清楚呈現出，這件化石無法輕易的分類進大家所熟知的三大類現生鱷魚：短吻鱷類、鱷類和長吻鱷類——因爲短吻鱷類是上顎齒第四顆牙齒最大，鱷類是第五顆，而長吻鱷類基本上都差不多大小。

形態保存的確實是很有限，再加上一九三六年德永撰寫這一篇關於來自台灣的鱷魚化石標本時，東亞整個地區的鱷魚化石幾乎可以說是一大片空白。因爲這件標本不只是台灣所發現的第一件鱷魚化石，也是日本有史以來第一件的鱷魚化石紀錄——因爲當初的台灣就是日本的一部分，所以在台灣所找到的鱷魚化石當然也算是日本的一部分。有趣的巧合是，日本第一件中生代恐龍化石也是在一九三六年、而且並不是在目前日本領土中所發現的薩哈林日本龍（*Nipponosaurus sachalinensis*）！透過一九六五年、接著一九八三年的研究成果，確立了待兼豐玉姬鱷的存在，也讓一九三六年的台灣標本在二〇一三年被重新找到後，有機會賦予更多的古生物意義。就好像薩哈林日本龍在一九三六年被建立後，有超過半個世紀以上的時間都被忽略、認爲這一個恐龍並不存在，因爲發現的化石標本也很有限，直到進入了二十一世紀後，又有更多新的研究投入，像是二〇〇四年和二〇一七年的研究成果，才又重新確立了薩哈林日本龍是一種確實生存在中生代白堊紀的恐龍物種。

古生物學界目前並沒有像是大家在看科幻或是帶有高科技的影視劇一樣，能將兩件標本的資料丟進電腦之後，就會自動顯示出這兩件化石標本是不是同一個物種——因爲很大的問題常常都在於每一次找到的化石標本，皆很有可能是不同部位，或是相同的部位但保存狀況差異極大，無法直接進行後續的深入比對和形態分析。也因此在古生物相關的文章裡，大概最常讀到的敘述是：我們需要到野外去尋找，挖掘更多新的、完整的化石標本回來研究，才能更進一步的回答、解開目前的謎題。

台灣也有「鱷魚公主」的存在?!

重新在早稻田大學收藏庫裡，找到早期在台灣所發現的鱷魚化石的平山廉和伊藤愛，對於在大阪所發現、完整度滿高的待兼豐玉姬鱷化石也不陌生，除了一邊開始著手進行台灣標本和待兼豐玉姬鱷的形態比對和分析之外，他們也邀請了對於待兼豐玉姬鱷極度熟悉、在一九八三年建立了這個新屬的青木良輔，一起參與鑑定、研究此件來自台灣的標本。青木良輔在一九八三年的文章有提到德永一九三六年的文章，也對於標本在二戰期間被炸毀覺得可惜。

集結了標本、人才，再透過詳細的數據測量、形態分析等研究方式，伊藤愛、青木良輔、平山廉等人判定這一件來自台灣的更新世年代，也幸運在二戰之中死裡逃生過的鱷魚化石，應該是隸屬於豐玉姬鱷！因爲從上顎骨齒槽保存的大小來分析後，推斷台灣標本和待兼豐玉姬鱷一樣也有著最大的第七顆上顎齒。換句話說，這日本神話中的海神之女、中文翻譯過來也確實是帶著滿滿公主風的名字：「豐玉姬」這一類的鱷魚也曾經出沒在台灣，且就是他們二〇一八年發表於日本古生物學會所發行的研究期刊：《*Paleontological Research*》中的文章裡，首次提出台灣其實也應該是有長期以來一直被認爲只有在日本才存在的「鱷魚公主」。

台灣的鱷魚公主和大阪的待兼豐玉姬鱷都有第七顆最大的上顎齒之外，畢竟標本保存下來的形態特徵有限，也讓以早稻田大學爲主的研究團隊將台灣的鱷魚公主在分類上鑑定爲：豐玉姬鱷屬中的未定種（*Toyotamaphimeia* sp.）。有趣的是，伊藤愛、青木良輔、平山廉等人在進行形態間的分析和比較時，也發現了台灣標本和待兼豐玉姬鱷的模式標本，在上顎齒槽之間的咬合坑洞（也就是當下顎閉合時，下顎齒接觸到上顎的地方）分布狀況不太一樣，但畢竟目前待兼豐玉姬鱷的主要化石也只有模式標本這一件，仍是不確定這形態差異是不是種內差異——也就是說待兼豐玉姬鱷和台灣標本的不同，還不確定是純粹個體差異，還是有可能代表著不同的豐玉姬鱷物種。

豐玉姬鱷類曾經生存在台灣過，光是這一個結論——即使當時我們還不確定早稻田大學所典藏的從台南所發現的標本，和大阪的待兼豐玉姬鱷是不是同一個物種[1]——就已經足夠讓人很興奮了，因爲從大阪所發現的待兼豐玉姬鱷模式標本來判斷，豐玉姬鱷類是一種能達到七公尺左右的大型鱷魚物種！而原先由德永所簡短記載、誤以爲在二戰中被摧毀的台灣鱷魚化石標本，有著如此坎坷的身世，但在大難不死的狀況下卻能搖身一變成爲台灣首見的鱷魚公主，清楚地揭露了台灣看似不大，但我們腳底下所蘊藏的遠古生物多樣性的可能。

談了這麼一長串的古生物基礎研究和其相關的歷史，回過頭來靜下心思考，或許會意識到目前以日本神話故事命名、帶有公主風名稱的「豐玉姬鱷」類，最早的發現其實是在台灣的台南——這一件在一九三六年被留下正式紀錄的鱷魚化石不只

1 我們目前很清楚的知道、也已經將最新的研究成果發表，台灣和日本為不同物種。台灣特有種為：台灣豐玉姬鱷。請見參考書目和延伸閱讀。

是台灣第一件的鱷魚化石，也是當時台灣仍屬於日本領土下的日本，有史以來的第一件鱷魚化石。而過了將近三十年、在一九六五年才被發表的待兼豐玉姬鱷，也就因此在研究上搶先了命名「豐玉姬鱷」類的優先權——因爲德永在一九三六年就有指出台南的這一件標本很有可能是新物種，但因爲沒有後續的研究，當然無法先命名。古生物研究當然不是只有命名新物種，那背後所隱藏的不爲人知的大尺度演化歷程和古生態的意義，也是我們極度想要探索的領域。但問題在於，如果我們連有什麼物種都不清楚的話，又如何能談論出其迷人的演化史、或是像《侏羅紀公園》所架構出來的古生態面貌呢？

或許更出人意料之外的是，台南除了早在一九三六年就發現了要等到二〇一八年才被判定是首次在非日本地區、也是台灣首見的鱷魚公主：豐玉姬鱷之外，和大阪找到目前日本領土內第一件鱷魚化石的一九六四年同一年，同樣也是從台南更新世時期找到的另一批鱷魚化石再次飄洋過海到了日本——由台南著名的「化石爺爺」將標本寄到了日本國立自然科學博物館。大阪標本在隔年的一九六五年就被建立爲日本特有的鱷魚物種：待兼馬來鱷（也就是後來變成了待兼豐玉姬鱷），而一九六四年來到日本的台南標本也在一九七二年時，由鹿間時夫命名爲台灣特有種的鱷魚：台灣馬來鱷（學名爲：*Tomistoma taiwanicus*）！

大阪所發現的待兼馬來鱷在一九八三年被更改爲待兼豐玉姬鱷。鹿間時夫在一九七二年研究、命名台灣馬來鱷的文章裡也清楚的指出，台灣馬來鱷和一九六五年被命名的待兼馬來鱷（當時還是待兼馬來鱷）很相似，但仍是有一些形態的差

台灣馬來鱷的模式標本，經由我們最新的研究成果，目前已經更名為：台灣豐玉姬鱷。（蔡政修於日本的國立自然科學博物館拍攝）

異，像是台灣馬來鱷的吻部較長、上顎骨和鼻骨的縫隙不明顯，以及牙齒較大等特徵和待兼馬來鱷不同，所以還是建立起了台灣的特有鱷魚物種。有趣的是，如果台灣馬來鱷和在十一年過後被轉移到豐玉姬鱷中的待兼馬來鱷很類似，那是不是意味著台灣馬來鱷其實很有可能是「台灣豐玉姬鱷」呢？再加上二〇一八年重新發現同樣在台南的一九三六年的更古老的鱷魚標本其實是「豐玉姬鱷」類、未定種的化石，都意味著台灣不只有迷人的鱷魚公主存在，這一位鱷魚公主還很有可能是台灣的遠古特產[2]。

鹿間時夫在一九七二年命名完台灣馬來鱷後，六年後的一九七八年就過世了，所以沒有機會重新來確認青木良輔在一九八三年將待兼馬來鱷轉移到豐玉姬鱷後，自己之前所研究的台灣馬來鱷是不是也應該一起搬進鱷魚公主的家裡。而青木良輔在一九八三年建立起豐玉姬鱷時，也確實是有提到台灣馬來鱷很有可能也要改名，但並沒有進一步的深入研究——也就是說保存於日本早稻田大學的台南標本，是台灣首次有經過深入的古生物研究來確認的鱷魚公主：豐玉姬鱷，而典藏於日本國立自然科學博物館的化石，曾經仍是台灣的特有種鱷魚：台灣馬來鱷，但我們於二〇二三年發表的最新研究成果，已經將台灣馬來鱷正式更名爲：台灣豐玉姬鱷。

二〇一八年四月一日愚人節，由伊藤愛、青木良輔和平山廉等人在古生物期刊發表台灣第一件豐玉姬鱷類化石的研究文章，我和早稻田大學的平山廉約好確切日期，在那個學期結束後的暑假到了早稻田大學。我第一眼看到平山廉準備好的標本時，第一個反應就是超級興奮的想著：「喔！就是這一件標本嗎！」。檢視完早稻田大學的標本後，我也再回到了自己於台灣大學生命科學系任教前的單位：日本國立自然科學博物館，確認當時由鹿間時夫所命名的台灣馬來鱷的模式標本，跟負責標本典藏的古生物學家真鍋真（Manabe Makoto）、對比地孝亘（Tsuihiji Takanobu）討論後續研究，甚至讓我將標本借出到台灣的可能性。

基於彼此的信任，真鍋真和對比地孝亘也樂於看到有針對典藏於博物館的化石標本，能有更深入的研究工作。完成了標本借出的相關行政程序，台灣馬來鱷的模式標本從二〇一九年開始就暫住在我位於舟山路上生科館的研究室裡——這不只是台灣馬來鱷自從一九七二年被鹿間時夫正式命名後，第一次回台灣這個娘家，台灣馬來鱷這個台灣特有鱷魚物種的確立，也在二〇二二年滿五十歲了（加上大

2 我們已將此研究成果在二〇二三年正式發表，確實為台灣的遠古特產：台灣豐玉姬鱷。

約至少四十萬年）！我們也在台灣馬來鱷走進半個世紀後的隔一年（二〇二三年），有全新的研究成果發表，正式讓「台灣馬來鱷」脫胎換骨成爲了「台灣豐玉姬鱷」；也希望藉此研究讓更多人知道台灣不只有鱷魚化石，那背後的研究潛力和其價值與重要性，也是不該被忽略的。

台灣、日本兩地所發現的第一件鱷魚化石就是德永重康在一九三六年所描述的台南標本。這一件化石最後確認是在二戰期間大難不死的鱷魚公主，也引發了後續有趣、值得我們探索的迷

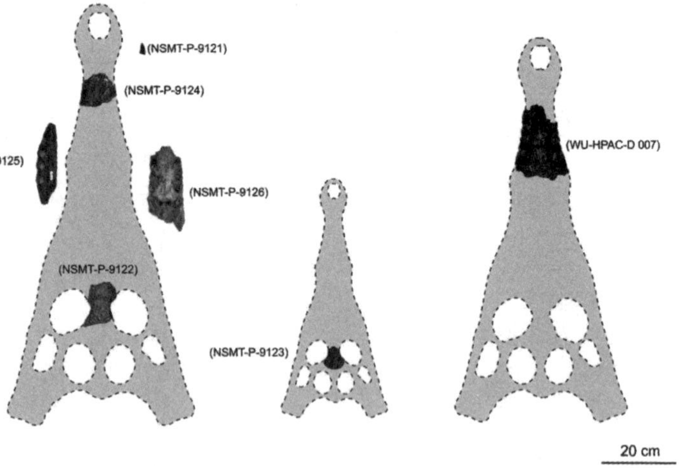

台灣豐玉姬鱷的原始化石標本和其復原的頭骨。最左和中間的為典藏於日本國立自然科學博物館的化石標本，最右為典藏於早稻田大學、一九三六年由德永研究、存活過二戰的化石標本。（取自 Cho and Tsai 2023 *Journal of Paleontology*）

人議題——台灣馬來鱷到底是不是台灣豐玉姬鱷？（最新研究成果已在二〇二三年將台灣馬來鱷修改爲台灣豐玉姬鱷）豐玉姬鱷類目前只有發現在日本和台灣的更新世時期，牠們的起源、演化、甚至完全的滅絕等背後不爲人知的故事，再加上豐玉姬鱷類能達到七公尺左右的龐大體型，都一再的提醒了我們，台灣這一塊或許看似不大的土地之下，確實就是埋藏了許多遠古謎題，等著我們搖身一變成爲古生物學家，用那不需要時光機就能看穿時間的雙眼，來將一件又一件迷人化石的精采故事，說給全世界的人知道。

參考書目&延伸閱讀

*Cho, Y.-Y. and Tsai, C.-H. 2023. Crocodylian princess in Taiwan: revising the taxonomic status of *Tomistoma taiwanicus* from the Pleistocene of Taiwan and its paleo biogeography community implications. *Journal of Paleontology* 97:927-940.

這一篇近期所發表的古生物研究文章將原先被命名爲台灣馬來鱷正式更名爲：台灣豐玉姬鱷。豐玉姬鱷這一類群先在日本被命名、也引用日本神話中的公主：豐玉姬來取名，所以很自然的被我們暱稱爲鱷魚公主。台灣特有種的台灣豐玉姬鱷也理所當然的成爲了台灣的鱷魚公主，更有趣的是我們的研究也進一步的估算台灣鱷魚公主的體型能達七公尺！

* Shikama, T. 1972. Fossil Crocodilia from Tsochin, Southwestern Taiwan. Science Report of Yokohama National University: Biological and Geological *Sciences* 19:125-131.

台灣馬來鱷的原始命名研究文章。在台灣發現、也是第一篇研究文章來提出台灣的生命史中曾經出現特有種的鱷魚。原始的化石標本是在台南發現，但被寄到日本進行研究和典藏在日本的國立自然科學博物館，也因此在台灣的大家似乎對於這一個發現並不清楚。我們在二〇二三年的發表（上一則的介紹）就是將這一批化石標本借回來進行研究後的成果。

* Ito, A., Aoki, R., Hirayama, R., Yoshida, M., Kon, H., and Endo, H. 2018. The rediscovery and taxonomical reexamination of the longirostrine crocodylian from the Pleistocene of Taiwan. *Paleontological Research* 22:150-155.

* 德永重康，〈日本にて鰐の化石の発見〉，《地質學雜誌》第四十三卷四三二號，一九三六年。

一九三六年這篇占Ａ４一半左右的文章，不只是台灣有史以來第一次有發現鱷魚化石的正式紀錄，也是日本第一次有鱷魚化石的發現。當時台灣仍是日本的一部分，所以從標題就很清楚的指出是日本鱷魚化石的發現，但內文第一句話就陳述了這是台南所發現的化石標本。這一件鱷魚化石保存在早稻田大學，經歷了二次大戰後，被認爲在戰爭中炸毀，但在二〇一八年的研究文章中，重新在早稻田大學的收藏庫裡，發現了這一件在台灣和日本的古生物學研究歷史上，極爲重要的化石。

* Aoki, R. 1983. A new generic allocation of *Tomistoma machikanense*, a fossil crocodilian from the *Pleistocene of Japan*. *Copeia* 1983:89-95.

*小畠信夫、千地万造、池辺展生、石田志郎、亀井節夫、中世古幸次郎、松本英二，〈大阪層群よりワニ化石の発見〉，《第四紀研究》第四卷四十九－五十八期，一九六五年。

一九六五年這一篇研究文章，命名了在日本大阪所發現相當完整的鱷魚化石：待兼馬來鱷。將近二十年後的一九八三年，重新詳細的檢視了待兼馬來鱷的化石後，發現這一件鱷魚化石和馬來鱷並不相似，而是隸屬於另一種全新的鱷魚類群，也因此利用了日本神話中化身爲鱷魚的公主：豐玉姬，正式更名爲待兼豐玉姬鱷。

*Nagao, T. 1936. *Nipponosaurus sachalinensis*: a new genus and species of trachodont dinosaur from Japanese Saghalien. *Journal of the Faculty of Science*, Hokkaido Imperial University (Geology and Mineralogy) 3:185-220.

和鱷魚化石的發現有點類似（日本首次發現的鱷魚化石是在二次大戰前的台灣），日本首次發現的中生代恐龍化石，並不是在目前的日本境內，而是目前隸屬於俄羅斯的薩哈林（二次大戰前隸屬於日本）。

＊Stromer, E. 1915. Das original des theropoden *Spinosaurus aegyptiacus* nov. gen., nov. spec. Abhandlungen der Königlich Bayerischen Akademie der Wissenschaften, Mathematisch-physikalische Klasse 28:1-32.

＊Ibrahim, N., Sereno, P. C., Dal Sasso, C., Maganuco, S., Fabbri, M., Martill, D. M., Souhri, S., Myhrvold, N., Iurino, D. A. 2014. Semiaquatic adaptations in a giant predatory dinosaur. *Science* 345:1613-1616.

＊Ibrahim, N., Maganuco, S., Dal Sasso, C., Fabbri, M., Auditore, M., Bindellini, G., Martill, D. M., Zouhri, S., Mattarelli, D. A., Unwin, D. M., Wiemann, J., Bonadonna, D., Amane, A., Jakubczak, J., Joger, U., Lauder, G. V., Pierce, S. E. 2020. Tail-propelled aquatic locomotion in a theropod dinosaur. *Nature* 581:67-70.

戰爭時並不會考慮化石的保存狀況，所以典藏於日本早稻田大學、台灣所發現的鱷魚化石在戰後被認爲炸毀，但很幸運的在進入二十一世紀後被發現。但一九一五年被命名、於非洲所發現的棘龍就沒有那麼幸運了，原始的化石標本就是在二戰期間被炸毀。不過，棘龍被命名九十九年後的二〇一四年的新研究成果，重新開啟了我們對於棘龍的認識，也完全顛覆了我們對於中生代非鳥類恐龍演化的認識。

【第七話】

鳥類恐龍
——恐龍、恐龍，你們也在台灣留下了化石嗎？

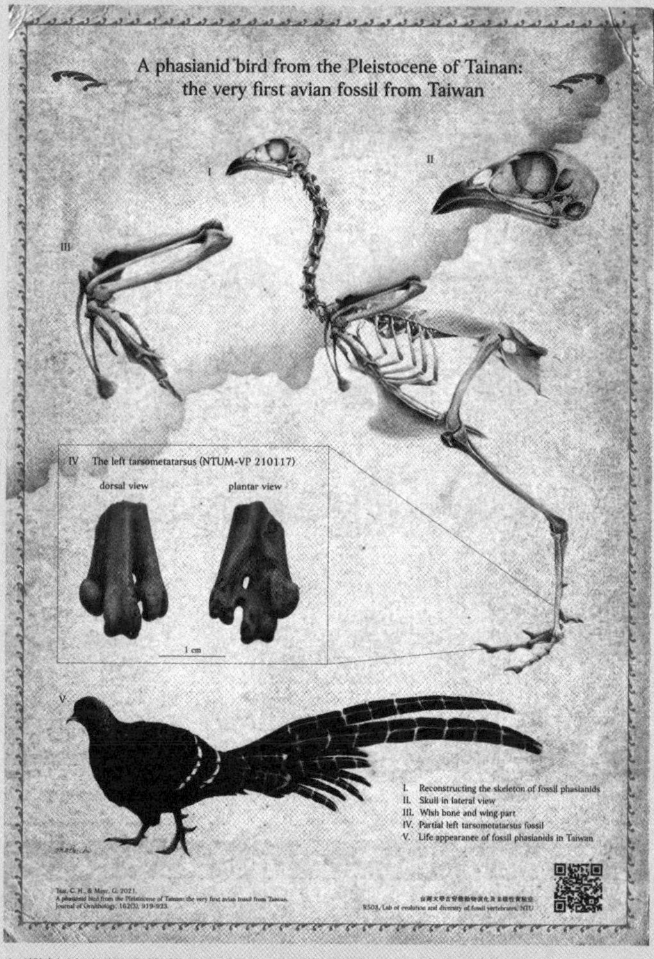

台灣首件鳥類恐龍的化石紀錄與其復原圖。（孫正涵繪製）

「這件化石真的可以讓給我進行研究嗎？」我手拿著這一件看起來似乎不起眼的化石，但超級興奮！

確定拿到台灣大學生命科學系的教職工作後，即使二〇一七年我人還在日本的國立自然科學博物館，進行最後的博士後研究階段，但也已經開始思考規畫於二〇一八年二月開始，在台灣能進行古生物研究的可能性——而恐龍的化石就是其中一個主要目標，因爲台灣從來都沒有恐龍的化石紀錄，也就是一直掛著大鴨蛋的紀錄。但問題是，恐龍化石說找就能找到嗎？而台灣眞的有留下恐龍的化石嗎？要好好回答這個問題，當然不能只是依賴《侏羅紀公園》等恐龍電影，而是要回歸有證據的古生物研究工作。

鳥類都是恐龍？麻雀是恐龍的後代?!

二〇一二年所出版的恐龍教科書《*Dinosaur Paleobiology*》指出，恐龍的定義是三角龍與麻雀的最近共同祖先與其所有的後代。有趣的是，全世界的古生物學家不斷尋找新的化石證據或是進行新的分析，三不五時都會有令人意想不到的發現來顛覆我們的認知。像是進行科學研究的人員們，基本上都會關注每週出刊的《*Science*》或《*Nature*》這兩本可以說是全球最權威、刊登最新，且對研究成果影響深遠的科學雜誌。二〇一七年就有一篇文章發表於《*Nature*》，嘗試推翻長期以來我們對於恐龍演化與其親緣關係的研究成果——其主要發現就是恐龍們很有可能不應該用「屁股」來進行分類：即是所謂的「鳥臀類」和「蜥臀類」這兩大類[1]，而是原本都隸屬於蜥臀類中的巨大恐龍如腕龍、梁龍，與獸腳類恐龍如暴龍以及麻雀被分開看待。這形成了獸腳類恐龍的暴龍、麻雀，關係上跟鳥臀類的三角龍與劍龍比較親近，而蜥臀類恐龍的腕龍和梁龍等類群，卻是自成一派。

換句話說，如果是依照二〇一七年這一篇發表於《*Nature*》的研究成果來說，原本我常用的二〇一二年教科書裡所使用的恐龍定義：「三角龍與麻雀的最近共同祖先與其所有的後代」就不能使用了。因爲這樣的定義，會將蜥臀類恐龍如腕龍和

1 自此可看出為什麼二〇一二年出版的恐龍教科書，可以拿鳥臀類的三角龍和蜥臀類的麻雀，來找到其最近的共同祖先。

梁龍等超級巨大且迷人的恐龍們排除在外，而原作者巴倫（MG Baron）與其同事們也當然很清楚這樣的後果，所以在發表於《*Nature*》的文章裡，就清楚的給出他們研究成果所帶出的恐龍定義：

The least inclusive clade that includes *Passer domesticus*, *Triceratops horridus*, and *Diplodocus carnegii*.

以上指的也就是：包含了麻雀、三角龍和梁龍的最小分類群。這樣的說法好像接近數學邏輯，像是在找最小公倍數一樣。但如果採用跟之前一樣的說法，就會是：麻雀、三角龍和梁龍的最近共同祖先和其所有後代都是恐龍。爲了要能讓我們都知道的恐龍，皆被好好納進科學研究成果裡的定義，梁龍也被加進了定義恐龍的物種之一。但除了梁龍之外，麻雀這幾乎每一個人都熟悉、不陌生的鳥類物種，不論在哪一個恐龍定義下，都穩健的保留其關鍵地位，清楚的說明了所有鳥類都是恐龍，即使絕大多數的人都已經被《侏羅紀公園》等電影給「洗腦」，似乎無法相信與接受鳥類也是貨眞價實的恐龍，但科學研究的成果，仍是會忠實的呈現出我們所得到的結果，與盡可能的完整解讀其演化意義。

「分類」和「演化」常常是會被搞混的議題，因爲這兩個在生物學相關的研究，極爲根本和重要的領域是有直接的衝突，就好像我常在課堂上開玩笑的說著，達爾文所建立的演化生物學，基本上就是要打林奈的生物分類系統一巴掌，告訴林奈這樣的分類系統是有問題、會誤導我們理解與解釋生命史。因爲如達爾文於一八五九年所出版，大概是人類史中最著名、影響力最爲深遠的書籍之一，書名上就清楚說著：On the Origin of Species（物種起源），演化生物學想要探討的根本問題之一，就是針對物種是如何起源，也就是說物種並不是一直維持不變，而是會從先前一個物種一路「演變」成另一個物種，不像是「僵化」的分類系統，訴說著物種似乎就是一成不變的概念。

當然，分類系統所給予的任何一個名詞或名稱都很重要，因爲這能讓我們得以更輕易和清楚的溝通與傳達彼此間的想法，才不會在討論時，雙方其實是想著完全不同的物種或類群，造成雞同鴨講的狀況。分類基本上就是一種「非連續性」的概念，而演化是一個將生命史連結起來、具有「連續性」的思維。我們也可以清楚地意識到，生命史是一個從生命起源直到現在並沒有中斷過的歷史，所以一定是一個連續性的過程，而不該是一個可以被切斷、被分割的自然史——除了特定的生物類群在某個時間點完全滅絕，確實是可以說這一個類群，在此特定的時間點停了下來。

有趣的是，這樣的議題又可以讓我們回過頭來思考恐龍的演化史。有了對於分類和演化這樣的基本認識後，回過頭來思考鳥類與恐龍這兩個分類名詞的關係，就會輕鬆許多。每一個類群都有其起源，而最一開始、還沒有演化成我們所熟知的形態特徵前，我們基本上無法一眼就認出來，即使我們搭著時光機回到過去，就好像有時候會說著人不像人、鬼不像鬼這樣的玩笑——因爲即使是我們自己很熟悉的智人（也就是我們人類自己），目前所知道最早的化石紀錄，也只能往前推回至三十萬年前左右，但我們智人這一個物種，並不會是在三十萬年前這一個時間點突然間冒出來，而是有著更早的起源——想一下，如果我們可以找到五十萬年前或是一百萬年前智人的直接祖先，可以想像就是我和正在閱讀這一本書的大家的共同曾曾曾（乘以 n 次的概念）祖父母時，我們會說他們也是屬於智人嗎？

或許會出乎不少人的意料之外，答案是我們不會將他們歸類於智人這一個物種。因爲我們可以預期這些更早期的化石，不會具備我們目前對於智人的關鍵形態，像是有著發達的大腦（從保存的頭骨可以推測其腦的大小，也就是腦容量）、後方的頭骨較圓，以及臉較小和有著突出的鼻骨等特徵——這樣的認定，當然是我們人爲主觀進行一切兩斷的「分類」，但如果能發現與證實我們智人的早期直接祖先（目前仍是未知、等著我們投入更多心力和資源來探索的領域），這當然會是對於理解我們人類自身演化的關鍵線索，其分類名稱並不會影響其重要性。

上述人類與其早期的化石是時間往前推的例子，就好像我們不會說有古生代（中生代三疊紀前的地質時代）的恐龍，因爲當時的爬蟲類還沒有演化出我們目前判定其爲恐龍的形態特徵。但很多時候，我們很難有清楚、確切的形態特徵去尋找這些早期的化石紀錄——因爲如我上面提到的概念，演化是一個連續性的思維，當然是無法切斷，也就是說我們依賴形態演變來斷定其分類地位，也當然會是一個連續性的狀況。

內容架構到此，想必不少人會很自然的發出一個疑問，那就是從恐龍起源之後，我們利用的親緣關係來說鳥類們也是恐龍（因爲麻雀就是被拿來定義恐龍的其中一個關鍵物種），那恐龍的關鍵形態特徵到底是什麼？我們眞的能夠在鳥類上觀察到那所謂的「恐龍」形態嗎？

觀察鳥類帶有獸腳類恐龍的形態特徵

下次在餐桌上看到一隻全雞的時候，恐龍教室就可以登場了。在將喜歡吃的大腿拔下來的時候，也請注意觀察與大腿連接的骨盆位置與形態，會看到大腿與骨盆連結的地方，骨盆上有一個開洞——這一個看似不起眼的「洞」，就是判斷恐龍的關鍵形態之一！在解剖學上我們稱之爲「open acetabulum」，也就是開放的髖臼。科學研究有趣、也很重要的地方就是可以被重複的驗證，不只是雞，如果喜歡吃鵝或鴨的話，也可以來觀察是否有這一個恐龍的特徵。當然，也別忘了下次到博物館參觀中生代的恐龍骨骼展覽時，多看幾眼、甚至將鏡頭拉近拍些近照，看看暴龍和三角龍等著名恐龍物種的屁股部位，觀察著同樣在骨盆上由腸骨（ilium）、恥骨（pubis）和坐骨（ischium）所圍成的骨盆開洞，然後跟身邊的人說明這一個「洞」的重要性，搖身一變成爲一名從中生代的三疊紀來到現代，穿越了這兩億多年來的恐龍專家。

更進一步，從親緣關係的恐龍定義來思考——不論是透過三角龍及麻雀，或是擴及到三角龍、梁龍和麻雀的最近共同祖先與其所有後代，鳥類在恐龍演化中是被歸進了獸腳類恐龍的位置（如大家所熟知的暴龍和異特龍等，都是隸屬於獸腳類恐龍），所以我們當然也可以在骨骼中觀察到，大家所熟知的鳥類帶有的獸腳類恐龍的形態特徵！

這次讓我們從屁股的骨盆往前移動看另一個骨骼結構，到了前肢與前胸一帶來找鎖骨（clavicle）。要找到鎖骨的話，比上述拔下大腿後觀察骨盆上的開洞更花一點時間、也要更小心一點，因爲鎖骨是一個較脆弱、容易斷掉的部位。或許比較容易找到的方式就是先找到主要、大塊的前胸肉，這讓不少人滿足的大塊雞胸肉，是附著在有明顯突起、像山脈陵線前後延伸的胸骨——這形狀特異的胸骨，如果獨立拿出來、不透露任何相關資訊給人觀察的話，似乎常會被誤認爲是頭骨上的突起。像是我人還在紐西蘭的時候，因爲我的辦公室就是在我們地質系的博物館裡，我平常也不會將門關起來，所以當有訪客來參觀博物館的時候，都能看到我在清修化石或是在閱讀、撰寫古生物的研究論文等工作內容。曾經有一位中年女士很興奮的拿著她在紐西蘭野外找到的「胸骨」，走進我們博物館想要確認這是不是一種新物種的恐龍化石，如果是的話，她願意將標本捐給我們，然後問說能不能以她的名字來命名！

回到我們餐桌上的恐龍解剖課程，確認了胸骨所在的位置後，再往前找一下，就會看到一個像V型迴力鏢的骨頭，這就是我們想要觀察的鎖骨——這一個鎖骨位於身體的中間，其實是左右邊的鎖骨癒合成單一塊骨頭，而這樣的鎖骨也就是獸腳類恐龍們的關鍵形態特徵之一！這左右癒合成V或U型的鎖骨，在解剖學上有另一個新的名稱：「furcula」，又或是在英文的俗名中被稱爲：「wishbone」，也就是「許願骨」，一個我覺得很符合其獸腳類恐龍特徵的骨頭。會被稱爲許願骨，最一開始是因爲它會被拿來玩一個小遊戲，那就是一人拿著V型鎖骨的一邊、然後各自輕拉著這一塊骨頭，看斷掉時哪一個人所拿到的鎖骨比較大一塊，這一個人就可以許一個願望。對我來說，這一個許願骨身爲現生鳥類，及其和已經滅絕獸腳類恐龍們的關鍵連接，完全展現了很多小朋友從小的心願，那就是讓原本被認爲已經滅絕的恐龍們復活！古生物學家們遊走發現於遠古的化石與現今動物們的骨骼結構中，現在我們能藉由像是上述的骨盆開洞的形態，或是獨特的癒合鎖骨，來清楚的判定鳥類確實是恐龍沒錯。所以不論是我們目前所使用的恐龍教科書，或是最新發表於國際間的研究成果，都會利用現生鳥類來取代其他滅絕的獸腳類恐龍，並給予牠們親緣關係上的定義——所以我們確實也可以說這一個許願骨，就讓我們將恐龍復活的願望成眞了！

繞了一小圈，台灣目前所曝露出的地層，確實是沒什麼機會能讓我們去尋找與挖掘中生代的恐龍，但恐龍並不是只有包含了中生代著名的暴龍、三角龍或是梁龍等物種，而是不論在定義或是形態結構的特徵中，也包含了我們目前稱呼牠們爲「鳥類」的生物，所以在古生物學中也常常會用「鳥類恐龍」，來精確的表達出我們熟知的鳥類們也是眾多恐龍中的一分子。所以，我們回過頭來思考台灣的狀況，台灣的賞鳥活動或其相關的研究都算是很發達——因爲台灣有正式紀錄的現生鳥類恐龍就有超過六百種，而其中也有超過了三十種只在台灣才能看到的特有種恐龍！

我們腦袋的思考總是會被使用的名稱或名詞所影響，所以當用「恐龍」這一個名詞的時候，遠古、或是化石的紀錄與其證據，似乎就是一個很自然會被期待的下一步——但跌破大家眼鏡的是，台灣一直以來竟然連鳥類、或是我們也可稱爲鳥類恐龍的化石紀錄都是「零」。

光是台灣目前有三十種以上的特有種鳥類恐龍，比大家所熟知、地理面積更大的日本都還要多（日本目前現生的特有種鳥類不到二十種），就可以預期台灣一定可以找到可觀的新生代鳥類恐龍化石。因爲不只是數量的問題，而是會形成當地的特有物種，基本上就代表了牠們已經來到這一個地方，有相當長的一段時間（剛從別的地方來的時候當然還不會是當地的特有物種），但經歷了當地獨特的環境影響與其他生物共演化的歷程後，再加上已經適應了當地環境，「賴」著不走、就一路演變成只有在當地才能觀察到的特有物種——所以我們當然是需要找到其相關的化石紀錄，才能理解這些特有物種是如何、又是從哪一個物種演化成特有物種等令人著迷的疑問。

古生物研究的化石來源與難題

從台南的化石收藏家侯立仁先生手上接過來、我小心翼翼放進手中端詳的，就是能開啓這一個台灣全新的古生物研究領域——恐龍化石！台灣所暴露出來、能讓我們挖掘與尋找的主要化石沉積年代，是地質史中的「更新世」、也就是落在約兩百五十萬年前至一萬年前的這一個時間點，也將有機會可以讓我們理解，占據了台灣新生代天空鳥類恐龍的演化。

侯立仁本身也是一位大學教授，和我直接從事古生物的研究領域不一樣，侯立仁是美術系的教授，也因爲侯立仁是美術系的教授，所以對於化石的觀察也極爲仔細、到野外尋找化石也極爲敏銳。目前已經超過八十歲的侯立仁，從他在台南應用科技大學任教、到現在已經退休了二十年左右的時間，超過了四十多個年頭都持續在尋找與累積台南地區的化石——每一次我到侯立仁的工作室去拜訪他的時候，除了他不拘小節（像是常常光著上半身）、房間裡充斥著他帶有生命力的畫作，清楚的傳達出他那身爲藝術家的氛圍之外，身邊也圍繞著滿滿的化石標本，每一次與他的談話中都還是能清楚的感受到他不只愛化石、更對於化石所散發出那難以言喻的美，有著無法忘懷的情感。

可以說是近半個世紀以來的收藏，侯立仁所握有的化石標本——尤其是台南地區所發現的化石，基本上就是我一輩子研究不完的材料——如果能逐一而且扎實的進行其研究工作的話，那豐富度和精采性也將會讓台灣的古生物學在全球的舞台上站穩。但問題在於這些化石都是他的私人收藏，不是我說要進行研究工作就可以讓我隨興的運用，因爲要將其化石標本與其不爲人知的演化意義，藉由研究工作呈現出來的話，該化石標本要能永久的典藏在公開的相關研究單位（像是我所任職的台灣大學或是任何相關的博物館單位），以提供給後續的研究檢視與確認先前的研究成果是否爲可信的內容，畢竟包含了古生物學等所有的科學研究，都需要建立在可重新被檢視與推翻的前提下，尤其是不斷的顚覆我們對於先前的認知，才能更進一步揭開先前所未知的自然史。

一般來說，這樣的狀況有兩種方式可以解決：一種就是有大量的經費可以跟侯立仁直接購買、典藏於研究單位來從事後續的研究工作。使用購買方式的話，衍生出來的問題或許會有點像滾雪球一樣越滾越大，因爲當化石脫離了我們了解其背後所隱含的生命史或自然史的相關研究，進入了如古董一樣被販賣、喊價，那似乎更像是私人富豪間金錢遊戲的商品，完全就是在不同的世界，基本上是古生物學家們難以觸及的領域。像是二〇二〇年有一件暴龍的化石標本在公開拍賣時，最後的售價來到約十億新台幣，某種程度更加鼓勵私人收藏家進行拍賣或販售相關的化石。因爲那看似不可限量的龐大利益，會讓化石們更難以進入像我所任職的大學或相關單位被從事研究，然後將其背後不爲人知的生命史，透過研究文章的發表及規畫相關展覽讓全世界的人知道。

提到金錢的問題時，另一個滿有趣的狀況就是很多人都會不加思索地認爲我是在台灣大學任職，所以會有極爲充足的經費能夠「購買」這些化石材料，來讓我進行相關的古生物研究工作。但現實是台灣大學的經費並不會直接成爲全校超過兩千名教授們的研究經費——或許值得一提的是，台灣大學在國內所拿到的經費確實是比其他學校高，但在國際間相比的話，眞的只是九牛一毛似的經費額度。而校內的經費主要是提供給教學與相關的行政工作上，每一位教授都需要自己去尋找與申請相關的研究經費，校內經費並不會直接流入各個教授們所經營的實驗室裡。舉例來說，因爲我自己的研究是以化石爲主的古生物們，在台灣算是極爲冷門的領域，所以能申請經費的主要單位，是台灣的國家科學及技術委員會（俗稱國科會），而我這幾年下來平均每年也大約只有一百萬出頭的研究經費，扣除掉實驗室日常的耗費和給予學生們的津貼，幾乎沒有剩餘的經費能夠提供後續的古生物研究工作內容——像是大多數人都會認爲台灣大學的老師們，皆會有助理能夠幫忙相關行政事務或研究工作，但就我的狀況而言，是完全沒有足夠的經費能夠聘請助理來協助相關的行政或研究。

另一個可能的方式，就是說服收藏家能將其化石標本捐給我們進行相關的研究工作。這樣無償捐贈化石給研究單位在國外算是常見，像是我在美國的研究伙伴哥德（Goedert, JL）找到的化石，除了會捐給位於西雅圖的華盛頓大學（University of Washington）校內博物館，也會捐贈部分的化石到我在台灣大學生命科學系的實驗室，讓我進行後續的研究工作。私人自己到野外去尋找、甚至進行化石挖掘的工作，除了需要大量的時間，也不意外的會耗費相當程度的金錢——但對於願意將化石無償捐贈給研究單位進行古生物研究的人士，基本上都對於科學進展有著相當程度的認識、知道研究過後所產生的知識，是對於全體人類的貢獻，後續所能產生的知識經濟比將化石貼上價格標籤還要更大。不過，隨著化石販售或拍賣的風氣發展，像是暴龍的價格來到將近十億新台幣，願意將化石捐贈的人士也不意外的會越來越少，因爲販賣化石後能有的直接經濟收入，確實是不少人的第一考量——這樣的狀況也深深影響到我們在學術界中有限的研究經費，來進行古生物的研究工作。

人類社會中確實是需要有著蓬勃的經濟活動，所以換個角度來思考，有著活絡的化石買賣行爲，某種程度也確實會促進更多的私人、業餘收藏家，或甚至是公民科學家去尋找更多有趣、重要、且先前完全不爲人所知的關鍵化石標本——所以，身在學術界中除了持續讓更多人知道從事古生物研究的重要性，而讓私人等收藏家願意將化石捐贈給我們進行相關的研究工作之外，同時也需要透過向大眾募款的方式來取得足夠經費，讓我們能夠投入更多的野外工作，來尋找及挖掘化石，也能有機會用這樣的捐款經費來跟私人收藏家討論，利用我們能負擔的金額讓其化石標本進入學術圈中研究，從而將其遠古故事與其意義說給全世界知道。這樣的捐款行爲在國外也算是已經行之有年，像是我還在紐西蘭的時候，剛好有從英國來進行訪問研究的學者分享，他只要有機會就會去跟大眾進行相關的古生物演講，並且在最後幾乎都會跟大家說明，進行古生物的研究能取得的研究經費很有限，希望能有大家的捐款——就眞的在一次演講結束後，有一位紳士默默的走向他，並且拿出一張支票說要捐款讓他進行後續的古生物研究——那張支票上面所寫的金額不多不少，剛好是五百萬英鎊。

歐美地區有系統的發展古生物學的研究超過了兩百年，像是第一種中生代的非鳥類恐龍：*Megalosaurus*，被命名的時間點是一八二四年，已經是這本第一次有系統書寫關於台灣古生物的書，出版的兩百年前。而且不只是學術界的持續研究，私人或相關的企業願意捐款，也不是只像我在紐西蘭遇到的英國同事那樣近期的事情，而是同樣也有百年以上的歷史——前面提到的二〇一七年《*Nature*》研究文章嘗試重新定義恐龍時，所新增加的物種：梁龍，其全名其實是「卡內基梁龍（*Diplodocus carnegii*）」——而卡內基梁龍被命名的時間點，也是已經超過一百年以上的一九〇一年，會冠上鼎鼎大名的卡內基（Andrew Carnegie）的名字，是因爲卡內基就是相關古生物研究所需大量資金的金主！

清楚意識到這些問題與其可能解決的方案，我在二〇一八年二月正式開始於台灣大學生命科學系任職後，就規畫要跟學校申請一個捐款專戶。經歷了半年多、走過層層行政關卡，終於在二〇一八年的年底，正式拿到了學校通過的實驗室捐款專戶。一開始先跟我太太說明，然後我們自己也會定期捐款給這個古生物學研究的帳戶，直到被學校通知，我們自己不能捐款給我自己實驗室的專戶爲止。同時也當然是盡可能的讓大家知道，在台灣從事古生物研究的可能性、重要性或價値等觀念，即使仍是很有限，但很開心到目前快要滿六年的募款時間——加上去年初有一筆五十萬的匿名捐款，現在總共募款到了將近新台幣三百萬左右，平均一年大約將近五十萬的不定期捐款。幾乎是每一筆捐款進來就要來補之前的洞，目前仍是屬於入不敷出的階段，但每一筆捐款（尤其是金額較高、如六位數的捐款）都是能讓我們持續保有動力和實際的經濟能力來探索古生物們的遠古面貌。

得來不易的鳥類化石

沒有太多的餘裕、也知道不可能也不適合用購買化石的方式，所以當有時間的時候，我自己也常常帶著我太太當助手，和剛開始學走路不久、三不五時仍需要我們背或抱的希美子，持續的前往野外尋找及挖掘化石。此外當侯立仁時間方便的時候，我會前往他在台南的工作室拜訪，說明我自己也會出野外，很清楚野外工作的辛苦，如果可能的話，希望能讓我提供微薄的野外經費，來換取侯立仁已經擁有的化石標本，從而有機會能藉由扎實的古生物研究工作與其成果，來跟大家說明台灣所發現的化石，也能有極為重要的自然史意義和全球能見度。

當時我人在台南左鎮附近一帶的野外尋找化石，時間大約已經是快要中午，炎熱的天氣讓我滿頭大汗，再加上沒有什麼收穫，實在是很需要找個地方休息，這時看到侯立仁來的電話，很興奮的接起來後，侯立仁也很爽快、簡潔的說有化石想要讓我看一下——我當然是二話不說回覆我人在台南的野外、東西收一收就會直接過去工作室拜訪！

已經數不清這是第幾次拜訪侯立仁的工作室。距離我一開始跟他提到我想要找台灣的鳥類化石有滿長一段時間，即使如此，我每次有機會跟侯立仁見面的時候，幾乎都還是會提到台灣一定有極爲豐富的鳥類化石，但是到現在都沒有正式紀錄。所以我主要的目標之一就是鳥類的化石，再加上鳥類就是恐龍，相信開啓這樣的研究成果，就會讓更多人重視與了解台灣古生物學研究的潛力與價值。

從在野外準備回車上、一路開往位於台南市區的侯立仁工作室這一段路程，一直思考著研究台灣所發現的鳥類恐龍化石的可能性。如果剛好從車窗外看到我自己一個人邊開車、邊在傻笑的話，那就是在我的幻想中發現與發表了台灣第一件的鳥類化石。幾乎每次都是帶著這樣的心情前往侯立仁工作室，這一次的拜訪終於將我腦中的幻想活生生的具現化。抵達後，沒有特別多餘的寒暄，侯立仁遞給我一個看起來就是日常生活中會用到的小盒子。打開後，我的眼睛立刻被一塊小小的、不怎麼起眼、看似很難會被聯想到恐龍的化石給吸引住。這一塊保存狀況沒有特別好、大小只有約兩公分長和一公分寬、比我的大拇指上半部還要小的化石，我立刻就可以確認這是屬於鳥類恐龍的化石！

一邊很清楚的是斷裂面，難以提供較進一步可判斷的資訊，但另一邊仍保存著相當完整的關節面。有著三個滑車狀的關節面，就好像是將食指、中指和無名指彎成三分之一後觀察的形態。即使不完整，但這樣結構很清楚的向我說明了這是恐龍腳的跗蹠骨（tarsometatarsus，或譯成「跗跖骨」），保存的滑車結構就是緊接著腳指頭的關節面。跗蹠骨是一個在脊椎動物演化史中極爲特殊的骨頭，因爲跗蹠骨是由後肢（也就是腳）的跗骨（tarsus，或是俗稱的腳踝）和掌骨（metatarsus）所癒合而成單一塊骨頭。這樣癒合而成的跗蹠骨基本上只有在鳥類恐龍和部分的中生代非鳥類恐龍才有，所以看到侯立仁這一塊從台南所發現的化石，腦中的骨骼檢索表很快的就對應到了鳥類恐龍化石，再加上侯立仁所描述的發現地點，也很清楚的可以判斷，應該是落在更新世中期的崎頂層，也就是大約介於四十萬到八十萬年前的這一個時間點。

幾乎是目不轉睛的一直盯著這一件化石標本，超級興奮的邊跟侯立仁解釋與說明，這件在台南所發現的鳥類化石的重要性，同時也不斷強調眞的很希望能更深入研究這一件化石，並且將其研究成果與意義撰寫成能發表於國際間的古生物相關研究期刊中。因爲如果接下來順利發表的話，這不只將會是台灣有史以來第一件正式鳥類化石；如我們上述所說明的內容，從更大一點的分類群來看，也可以說是台灣有史以來的第一件恐龍化石！而這樣的發現與發表，也相信將會替台灣的古生物研究奠下更深的基礎、引發後續更多的研究資源與人力，投入長期以來被忽略的台灣古生物研究領域。

侯立仁本身身爲藝術家，對於化石的熱情，主要在於其迷人的形態與遠古生命的保存形式等和藝術有著某種異曲同工之妙的面向。而這一件化石標本在他極爲龐大的化石收藏裡並不算是特別出色，甚至可以說很容易被忽略，但聽著我極爲雀躍、滔滔不絕的說著這一件化石標本的重要性與學術價值等意義，或許打動了侯立仁，或許讓他也想知道到底這一件化石在我手中能發揮出怎樣的用處，侯立仁笑笑的說，「那這一件化石就讓給你做研究看看吧！」

「眞的嗎？這一件鳥類化石眞的可以讓給我進行研究嗎？」聽到侯立仁願意直接將這一件標本捐給我進行後續的研究，我手裡仍拿著這看似不起眼的化石標本，可以感覺到自己的身體很興奮的微微顫抖，清楚的知道這一件化石，將會替台灣的古生物學研究史，寫下一個極爲關鍵的里程碑。

信誓旦旦的跟侯立仁保證這一件化石再過不久就會發表於國際間的研究期刊中——因爲這一件化石將會是我接下來最主要的研究重心。小心翼翼的將這鳥類化石包裝好，從侯立仁工作室心滿意足的離開後，就準備跟著即將成爲台灣首次正式發表的鳥類化石一起，一路開回我在台大生科系的實驗室。整個人興奮的幾乎就要飛起來了，但同時也緊張了起來，因爲我清楚的知道這並不是一個簡單就能完成的研究工作，而是有著極大的挑戰性，像是我實驗室裡並沒有足夠的現生鳥類骨骼或是相關的鳥類化石，能提供我進行下一步的詳細形態分析。

回到實驗室後，就是在我的工作桌上先清出一個大空間，提供給這一件超級珍貴、得來不易的鳥類化石，即使這一件只有大約兩公分乘以一公分大小的化石並不需要太多空間。接下來便詳細的檢視其保存下來的形態特徵，同時翻閱我手邊所藏有的相關書籍和鳥類化石的最新研究文章等資料——但我實驗室裡的小小收藏庫，並沒有足夠可以直接進行形態比較與詳細分析的骨骼標本，讓我多次感到沮喪並且停下手邊的工作、掙扎著該如何才能將這一個研究更往前推進。以上種種困難，讓一開始從侯立仁手上接過化石那無法言喻的興奮感，很快就跌落到了谷底。

台灣第一件鳥類化石的研究文章首發！

台灣現生的鳥類多樣性極為豐富，有著超過六百種以上的紀錄和三十二種的特有物種。大家能輕易的在市區、野外、博物館或相關的展示中看到現生鳥類們吸引人的外觀，與其生命史中演化出的那不可思議的羽毛結構。但問題在於台灣的自然史典藏中，對於鳥類骨骼標本的保存與收藏卻是極為有限，限制了我能將台南所發現的鳥類化石標本，與台灣現生的鳥類骨骼形態進行詳細的比對與分析。即使這一件看似不大的鳥類化石標本已經能夠讓我鎖定到一些可能的鳥類類群——因為像光是能有二公分左右寬度的遠端跗蹠骨，就可以判斷出這不會是隸屬於像麻雀一樣小而美的鳥類，而會是一種體型不小的鳥類！

靜下心來閱讀關於鳥類化石與其演化史，我滿依賴的一本教科書：二〇一六年所出版的《*Avian Evolution*》（中文可以翻爲：鳥類演化。和上述提到的《*Dinosaur Paleobiology*》是同一系列的古生物書籍）。這一本鳥類演化的書籍是由德國森根堡博物館（Naturmuseum Senckenberg）鳥類學門裡的研究員麥爾（G. Mayr）所撰寫。麥爾也可以說是全世界最知名的鳥類化石研究人員，其相關的研究著作超過三百篇。如此大名鼎鼎的鳥類古生物學家，我沒有直接和麥爾見過面，但剛好我跟另一名同事提到我將會尋找與研究台灣的鳥類化石時，他跟麥爾很熟識，也有共同研究發表過，建議我提早跟麥爾聯絡。所以我其實在回來台灣不久後就有寫信給麥爾，讓他知道台灣到目前都還沒有正式發現過鳥類的化石紀錄，但我接下來的其中一個主要探索方向與研究目標就是台灣的鳥類化石——麥爾也極爲爽快與快速的回覆很樂意幫忙，與一起進行相關的研究工作。

從侯立仁手中接過這一塊具有台灣古生物研究史中，極有代表性的第一件鳥類化石後，聯絡麥爾來一起進行後續的研究工作當然也是直接浮現於我的腦海中，但自己總是要先盡可能的準備我們能完成的部分、而不是將所有的相關研究工作都丟給麥爾。畢竟可以想像他自己手邊也會是排滿了超多有趣的鳥類化石研究工作，不太可能放太多心思在我這邊，所以如果在這領域沒有充足的準備，整個研究大概很難會有進展。

自認為已經完成了我這邊能準備與確認的研究工作，立刻著手再次寫信給麥爾，但這次是已經有很明確的研究目標，因為這一件台灣所發現的鳥類化石就在我手邊，而不是最一開始那樣，只是有點空泛的說要尋找與研究台灣的鳥類化石。除了帶有相關的研究資訊，和可以清楚的預見我們將會有一篇台灣首次發現的鳥類化石研究文章，麥爾或許也從信件中感受到我超級興奮的心情。我信件一寄過去，十五分鐘內就收到了他的回覆。而就在我們信件來來回回的過程中，我也可以更清楚的看出整體的研究內容與架構，麥爾就好像是我在鳥類化石研究領域中的指導教授一樣，點出與提醒一些鳥類化石研究的關鍵要點。

推掉了大部分不是絕對必要的工作，和麥爾聯絡上、討論與確認一些相關的研究細節後，並且也從麥爾那邊收到了與這一件台灣的鳥類化石，可進行形態比較與分析極為關鍵的標本資訊與照片等資料。我投入了大量時間在閱讀更多鳥類化石的研究文章，和分析鳥類的現生骨骼與化石形態，也開始撰寫這一篇即將成為台灣第一件鳥類化石的研究成果。沒有隔太久就將整體的文章初稿寄給麥爾，麥爾的工作效率和回信速度也都極高，完全沒有被當時的疫情給影響，我們迅速一來一回的通信研究——沒有見過面的兩個人，基於古生物學研究熱情的交集，讓我好像回到了達爾文所處在的十九世紀時，時常藉由書信往返的研究交流，只是我們利用電子信箱的速度跟當時比較，或許就如光速一樣的前進——讓我們在一個月左右的時間內，就將這篇文章投稿到在鳥類學研究極有歷史、於一八五三年創刊的《*Journal of Ornithology*（鳥類學期刊）》。

就如我們有充分準備所能預期的結果，這一篇台灣第一件鳥類化石的研究文章從期刊回來的審查意見沒有什麼大問題，我們立刻根據審查意見，隔天就將修改過後的文章送回期刊，也沒有意外的就被接受、準備後續刊登的排版和校稿等編輯工作。

文章正式刊出後，我第一個主要的行程安排就是帶著列印出來的、台灣有史以來第一件鳥類化石的研究文章，和這一件化石標本的３Ｄ列印模型——極爲感謝呂宜霖和他的高詮３Ｄ公司長期以來無償的幫我進行３Ｄ掃描工作（不只是研究經費，要能好好完成一個研究工作眞的需要很多人的支持和幫忙，或許名字沒有出現在我所能書寫的短短的古生物研究故事中，但每一個相關的人都是古生物們的好朋友！）——前往侯立仁的工作室，好好的跟他說明這一件鳥類化石標本，眞的不是只有我說極爲重要，而是已經經過了國際間嚴謹的審查機制、正式刊登於國際知名的鳥類學研究期刊中。

侯立仁很開心的笑了出來，接下來問了一個麥爾和我現階段也無法在研究文章裡明確回答的問題，那就是他所捐贈的這一件台灣有史以來的第一件鳥類化石，到底是屬於哪一種的鳥類？

一個好的研究並不代表能回答所有的問題，或許相反的，而是在解決部分問題之餘，也需要能引起更多有趣的疑問，來讓我們持續追尋與揭開更多未知的面紗。這一件只有保存了遠端約二公分長和一公分寬的跗蹠骨、而不是完整的跗蹠骨，限制了我們能從事的形態分析，但我們仔細的研究成果足夠說出這是一件屬於雉科（Phasianidae）的鳥類化石，和我們千元大鈔上的帝雉（台灣特有種）或是另外大多數人也不陌生的台灣特有種：藍腹鷴類似，都是屬於雉科的鳥類。有趣的是，雉科的鳥類在台灣目前所知有七種，包含了超過一半、總共有四種是屬於台灣的特有種，清楚的指出雉科在台灣的獨特演化歷史。而這一件台灣首見的鳥類化石標本，也剛好就是隸屬於雉科的類群，開啓了接下來利用古生物研究來揭開其台灣特有種

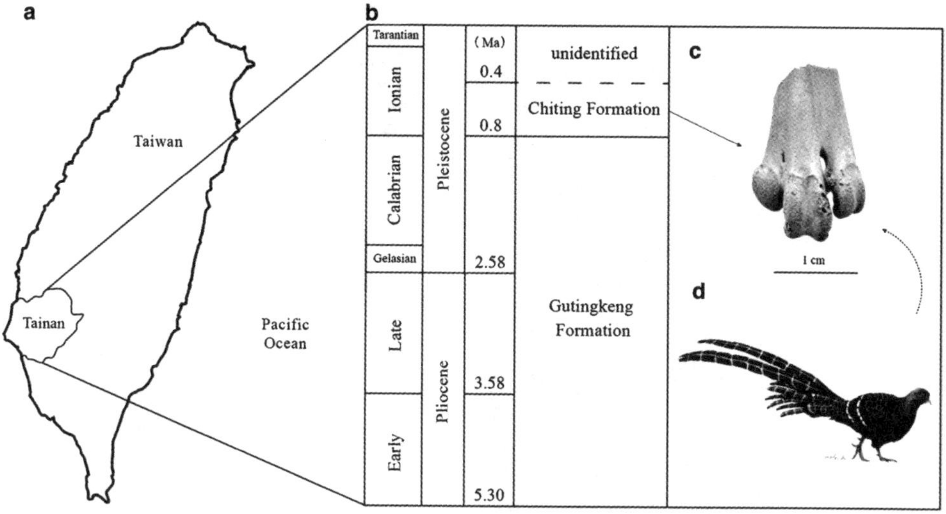

由侯立仁所捐贈、台灣首次發現與發表的鳥類恐龍化石標本，出土於台南的更新世地層：崎頂層。（取自 Tsai and Mayr 2021 *Journal of Ornithology*）

捐贈了台灣首次發現與發表的鳥類恐龍化石的侯立仁。研究文章發表後隔年，我利用了這一篇研究製作了二〇二二年的「古椎」年曆送給侯立仁。（蔡政修於侯立仁在台南的工作室拍攝）

化的大謎題。就好像剛好和我們這篇研究文章發表的幾乎是同一個時間點，有另一篇紐西蘭發現的鳥類化石研究文章，其保存的化石標本也同樣是只有跗蹠骨，但其跗蹠骨是完整的化石標本，而不像我們的跗蹠骨只有遠端的二公分。那一件完整的跗蹠骨化石標本就讓我在紐西蘭的同事命名了一種新物種的奇異鳥！更巧合的是，這一個已經滅絕但被確認爲先前未知、生存於紐西蘭的新種奇異鳥，也是跟我們所發現的台灣鳥類化石一樣，是更

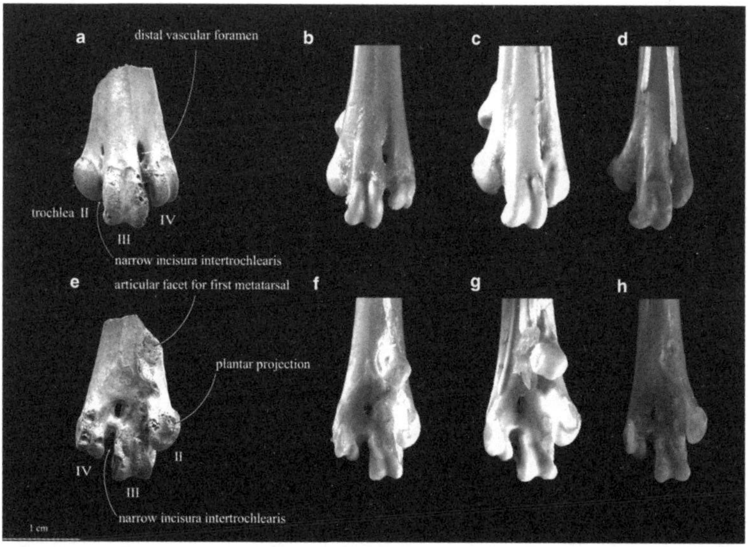

台灣首次發現的鳥類恐龍化石標本：隸屬於雉科的左腳一小段的跗蹠骨（a 和 e）。一起比對、分析的標本包含了台灣特有種的帝雉（b 和 f）、台灣特有種的藍腹鷴（c 和 g），還有環頸雉（d 和 h）。（取自 Tsai and Mayr 2021 *Journal of Ornithology*）

新世的這一個地質年代，再次指出台灣也有極大的潛力可以發現完全未知的化石新物種——只是我們需要投入更多資源和心力，來尋找更完整的化石標本與其後續的深入研究工作。

說到這裡，侯立仁開心的默默拿出了更多他長期以來所典藏的化石標本讓我檢視。

參考書目&延伸閱讀

＊Tsai C.-H., and Mayr G. 2021. A phasianid bird from the Pleistocene of Tainan: the very first avian fossil from Taiwan. *Journal of Ornithology* 162:919-923. 我們這一篇研究文章爲台灣首次正式發現了鳥類化石的研究文章。《侏羅紀公園》所引發的全球恐龍化石研究熱潮，我們現在很淸楚的知道鳥類就是存活過白堊紀大滅絕的恐龍，所以這一篇研究成果也就是台灣首次發現的恐龍化石。這一個發現也開啟了台灣古生物研究的全新可能性。以下爲

研究成果正式發表後，我所撰寫的一篇科普介紹文章：

＊蔡政修，〈揭開遠古世界神祕面紗：台灣首次發現的鳥類恐龍化石〉，「環境資訊中心」：https://e-info.org.tw/node/230624，二〇二二。

＊Baron, M.G., Norman, D. B., and Barrett, P. M. 2017. A new hypothesis of dinosaur relationships and early dinosaur evolution. *Nature* 543:501-506.

這一個研究成果給予了恐龍不同的親緣關係架構，但對於恐龍的定義仍是需要有鳥類的存在，也因此在此新的文章內，恐龍的定義是利用現存的麻雀與滅絕的三角龍和梁龍這三個物種的最近共同祖先和其所有的後代。

＊Hatcher, J. B. 1901. *Diplodocus* (Marsh): its osteology, taxonomy, and probable habits, with a restoration of the skeleton. *Memoirs of the Carnegie Museum* 1:1-63.

著名的梁龍的其中一個物種，就是命名給商業界的大亨卡內基（Carnegie, A）：卡內基梁龍，因為卡內基在十九世紀就提供大量的資金讓古生物學家進行挖掘與研究工作。不只如此，爲人所熟知的卡內基自然史博物館也是卡內基於一八九六年所建立、直到目前都仍是進行古生物學研究的重要博物館（典藏著暴龍的模式標本！）。

* Mayr, G. 2016. *Avian Evolution: the fossil record of birds and its paleobiological significance*. John Wiley & Sons.

這一本《鳥類演化》和先前有提到的《*Dinosaur Paleobiology*（恐龍古生物學）》是同一系列的古生物學教科書。對於脊椎動物化石與其演化有興趣的話，很推薦細讀這一系列的古生物學相關的教科書，會對於相關的背景知識與其研究有基本的認識。

* Tennyson, A. J. D., and Tomotani, B. M. 2021. A new species of kiwi (Aves: Apterygidae) from the mid-Pleistocene of New Zealand. *Historical Biology* 34:352-360.

這一篇命名了在紐西蘭新發現的奇異鳥化石物種的研究文章，不只和台灣所發現的第一件鳥類化石幾乎在同一個時間點發表，發現的年代（都是更新世）和其化石標本（都是跗蹠骨）都很類似，清楚的指出台灣的更新世時期仍有滅絕、未知的化石物種等著後續的研究與探索。

【第八話】

劍齒虎
——重現台灣的冰原歷險記！

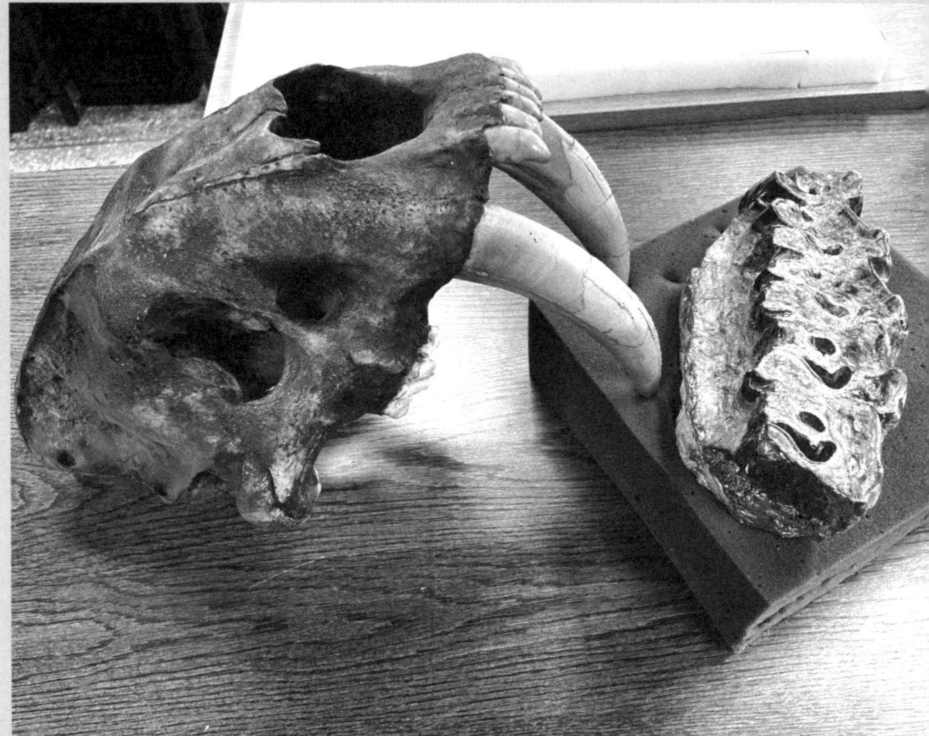

重建台灣的冰原歷險記：台灣的更新世時期有劍齒虎獵捕著犀牛的場景。（蔡政修於台灣大學古脊椎動物演化及多樣性實驗室拍攝）

「這應該是劍齒虎吧？」雖然只有一張照片，但我很興奮的知道這將完全改變台灣古生物研究的可能性！

有系統的進行台灣所發現的脊椎動物化石研究，其實可以說是從日治時期就已經開始了，而代表性的人物之一就是台北帝國大學（也就是目前我任職的台灣大學）的教授早坂一郎。早坂一郎可以說是學校的創校元老之一，從台北帝國大學在一九二八年成立的時候，就開始在校內進行古生物的教學和研究工作，一九四五年二次大戰結束後仍留在台灣服務直到一九四九年，一九五〇年開始在日本的金澤大學任職才算是結束他在台灣超過了二十年的古生物研究生涯。

結束了我在日本進行的古生物博士後研究工作，回到了台灣、並且跟早坂一郎在同一間學校服務，對於早坂一郎不只不陌生，也很清楚的知道接下來要進行更深入的台灣古生物研究的話，需要更了解早坂一郎早期在台灣的古生物研究成果。開始有系統的收集與閱讀早坂一郎的研究文章時，一篇一九四二年發表的古生物文章吸引了我的目光，並且意識到其中一件化石標本，很有可能將會顚覆我們對於台灣古生物的認知：

因爲這一件從台南所發現的化石很有可能是劍齒虎！

找不到的標本？劍齒虎化石追追追！

早坂一郎在這一篇關於台灣哺乳動物化石的研究文章中，記載了台灣不同地區所發現的哺乳動物化石，而其中一批從台南左鎮地區所發現的化石中，包含了一件早坂一郎認定為貓屬（*Felis* sp.）的化石標本。但有趣的是，早坂一郎在文章中的不同地方針對這一件化石也加了不同的簡短註記：「這並不會不像劍齒虎」或是「這看起來很像某些劍齒虎的物種」。

貓屬和劍齒虎都同樣是貓科（Felidae）動物，但牠們至少在早期的中新世（Miocene）、超過兩千萬年前就分家了，所以隸屬於貓科動物中的不同支系。但要注意的是，因為早坂一郎這篇研究文章是發表於一九四二年，當時對於不少人都不陌生，甚至是家中成員一分子的家貓（學名為*Felis catus*）和大型貓科動物如老虎和獅子等分類的界線並不清楚，在屬名的層級常常被混用。就早坂一郎這一件標本來說，雖然被他認定為貓屬（*Felis* sp.），但從化石的尺寸來看就知道他心中想說的，其實是老虎這一類的大型貓科動物化石。

問題很明顯，那這一件台南所發現的化石標本，雖然只有右邊下顎的一小段，但到底是屬於老虎這一大類的貓科動物，還是可以說是古生物界中的大明星：「劍齒虎」這一類的物種呢？這影響到的不只是這一件化石該使用的名稱不同，而是整個台灣生命史演化的歷程，與這一件化石所發現的時間點：更新世，所衍生出的台灣曾經有過的生態結構，與其台灣的遠古面貌都會截然不同。

要回答這一個看似很簡單又單純的問題，背後其實沒有想像中的那麼容易。那所需要耗費的時間和經費都是無法輕易計算的數字。而且要解決這一個問題最一開始就很棘手，早坂一郎在一九四二年的原始文章裡，並沒有交代這一件化石標本典藏在哪裡，那這一件從台南所發現的老虎、劍齒虎分不清楚，且無人問津的化石標本到目前超過了八十年，到底現今在何處呢？

沒有實際的化石標本，很多時候只會淪爲空談，畢竟化石標本就是我們從事古生物學研究最關鍵的證據。要開啓這個研究的第一步，就是要開始跟各方人馬聯絡和詢問。如果可能的話，就直接到各個可能的相關單位，親自尋找這一件可能爲台灣首次發現的劍齒虎，來證實遠古的台灣也有古生物大明星劍齒虎的出沒，利用那廣爲人知的劍齒，來獵殺漫步於台灣這一片土地上的大型草食脊椎動物，如大象中的猛瑪象或犀牛中的早坂島犀等——不只可以讓我們遙想出台灣版的《冰原歷險記》，也就好像直接走進了台灣的更新世公園。

早坂一郎發表這一篇一九四二年的古生物研究文章時，是在地質系任教，離我所在的生命科學系系館並不到一百公尺遠的距離，這當然會是最一開始搜尋的目標。早坂一郎離開校內的地質系回到日本之後，地質系就沒有專門從事脊椎動物化石研究的教授或相關研究人員。再加上二次大戰以來，這數十年台灣的古生物學研究並沒有受到太多的重視，連絡上地質系的教授陳文山和地質標本館館長李寄嵎後，我抱著興奮但又有點忐忑不安的心情，前往尋找與確認早坂一郎的化石標本。

地質系館內沒有活生生的劍齒虎，但也沒有這一件早坂一郎一九四二年發表、可能是台灣所發現的劍齒虎化石的任何可疑蹤影。很難過，但也不算是太意外，畢竟已經是二次大戰結束前所發現的化石標本，而早坂一郎搬回日本的時期，也確實很有可能將這件和其他相關的化石標本都一起帶回日本——可惜的是，沒有任何相關的紀錄可以追溯這一段不爲人知，但與這一批早期化石相關、對於研究與了解台灣脊椎動物演化很關鍵的歷史脈絡。

幾乎任何相關的研究或領域中，都免不了會有所謂的「明星」，並且還能更進一步的被區分成大大小小的明星等級——像是劍齒虎或暴龍都不是只有在古生物學界中的名號響亮，甚至其知名度和研究的投入程度，都遠遠超過了絕大多數的現生物種，而在整個社會中也都可以說是無人不知的大明星。在古生物研究中，這樣的超級明星通常受到的待遇，也不意外的會截然不同——從這樣的角度來思考的話，就會有點惋惜當時早坂一郎沒有花更多篇幅或研究的心力，去探索這一件化石的眞實身分，因爲如果能證實早坂一郎當時的其中一個想法，也就是那看起來似乎不起眼的下顎化石，其實是台灣首次發現的劍齒虎化石的話，可以想像有機會能夠引領出古生物學研究在台灣的新風潮。這一件下顎化石可能會被當成翠玉白菜或肉形石一樣，被小心的典藏在博物館中，並且能設置出專門的展覽來吸引不斷的人潮見證其風采，而不是沒落成這近百年來在台灣幾乎無人知曉、也不知道其下落，某種程度可以說是台灣古生物學的世紀大謎題。

結論不是用劍齒虎，也沒有特別強調是大型貓科如老虎之類的化石，只是用貓屬（*Felis sp.*）的鑑定後，輕描淡寫的記錄了這一件台南所發現的化石標本，沒有引起任何研究的漣漪、也沒有任何要好好保存這一件化石標本的想法。在講求證據的科學研究中，加上古生物學的研究很大程度依賴著手上有的化石標本，還有不在該領域的人們或一般大眾，基本上就是看該研究人員所得出的結論來判斷。早坂一郎當時對於這件化石標本用了貓屬當成最後的結論，讓後續的研究人員或普羅大眾沒能感受到這件化石所隱含的重要性，也就一點都不意外了——即使早坂一郎有隱約的感受到這一件化石標本可能是劍齒虎，但可以想像如果要說是這一件從台南所發現的化石隸屬於劍齒虎的話，需要更深入的研究工作，而這也幾乎遠超出了早坂一郎當時可以完成的研究範疇。

原始的化石標本目前沒有保存在地質系，陸陸續續在不同的單位也沒有任何這一件下顎化石標本的跡象——像是沒有在台灣博物館、沒有在台南任何相關的博物館（如目前的左鎮化石園區），台灣中可以說是最知名、也最年長的兩位化石收藏家，設立了大地化石礦石博物館的陳濟堂和退休美術教授侯立仁，也都沒有聽聞過這一件化石標本。這樣的化石追追追，在台灣繞了幾圈後，很清楚的可以判斷這一件化石，應該就是沒有在台灣的任何一個單位中被好好典藏，也沒有流落到私人收藏家的手上。

從這樣的脈絡來看，另一個可能性，就是早坂一郎將這一件化石當成私人收藏品，在離開台灣的時候一起帶回了日本。但私人收藏在古生物學研究中一直都是個大問題，因爲沒有人可以輕易的重新檢視私人收藏裡的化石標本，所以像是我們進行大型脊椎動物化石在國際間的主要研究學會：古脊椎動物學會，就清楚的條列出「沒有被典藏在公開單位（像是大學、博物館或相關的研究單位）中的化石標本，不能被發表於相關的國際期刊中。」而早坂一郎發表的這一件下顎化石，即使沒有任何單位的編號，一部分是因爲年代久遠（二次大戰前）、在台灣還沒有建立起完善的標本典藏系統，另一部分也可以說是因爲發表在當地的研究期刊中（期刊名稱：《台灣地學記事》），也不意外的不會有任何問題。

建立化石相關標本典藏之不易

私人收藏的標本除了在收藏家還在世、難以進行後續的研究工作之外，另一個大問題就是當收藏家過世之後，這些化石或相關標本的命運通常都是令人難以捉摸。如果要區分的話，從古生物學的研究領域來看，可以大致區分爲兩大類——一種就是本身在從事古生物的研究工作、但同時有在進行私人收藏的收藏家，另一種是本身並沒有在進行第一手的古生物研究工作，但因爲個人對於古生物的興趣，而開始收集相關的化石或標本。

有趣的是，就好像當我回台灣後，其中一個常被問的問題就是身爲古生物學家，我自己的家裡是不是收藏了許多有趣的化石或相關的標本？剛好跟不少人想像中的相反，不只我、我熟識的國外眾多古生物學家們，家裡都不會有化石的收藏，而是所有相關的化石及研究材料，都會有系統的典藏在大學或博物館等自己的工作場所。這樣一來，這些化石和相關的研究標本，才能讓世界各地的其他研究人員自由重新檢視，或進行後續深入的研究工作，持續揭開先前不爲人知的遠古面貌；因爲沒有一位研究人員能獨自完成所有的工作。也因爲這樣的價値觀及想法，在歐美地區所進行的古生物學研究能長久的累積，從而有厚實的基礎，像是每一個人幾乎都耳熟能詳的暴龍，在一九〇五年、超過了一百年前被正式命名的時候，原始文章就清楚的表明了這一件暴龍的模式標本，是典藏於紐約的美國自然史博物館，標本編號爲973，每一個人都能按照這一個編號來找到、重新檢視這一件暴龍的模式標本（即使這一件模式標本後來被賣到了卡內基自然史博物館，還是可以輕易的找到它，這部分的細節可參考第六話的內容）。

更進一步，不只是自然史所遺留下的化石及相關標本，應該屬於大眾公共財這樣的觀念，相關的化石或標本典藏在大學或博物館等工作場所、還是放在自己的家中當成私人財產，也牽扯到身爲古生物學家的「職業道德」。就是因爲身爲古生物學家，通常對於化石那很難貼上標籤的「價值」，多了不少的敏感度，如果自己一邊進行公開的研究工作、但一邊也在進行私人收藏的話，因爲人總是難免會有私心，不論是在學術上、或是在實際上可轉換成具有高經濟價值的標本，很有可能就是會占爲己有，而不會將標本存放於公開、每個人都能自由檢視的博物館、大學，或相關的研究系統裡。

在這樣的狀況下，如果本身就是相關的研究人員、但標本一直都沒有正式的進入到任職單位，或是捐贈給相關的博物館典藏系統中，當該研究人員過世後，家人通常並不清楚、也不了解這些「遺物」的重要性或價值。再加上研究人員自己在世時，也都沒有將其化石或相關的標本登錄進研究單位（大學或博物館等）的資料庫中，其處理這些「遺物」的家人，也基本上不會特地大費周章的將這些標本捐贈給大學或博物館典藏。除非有熟知該過世研究人員私人收藏的其他研究人員，嘗試來提供資源或說服其家人將這些遺物捐贈出來供作研究，就有些微的機會可能進到研究的體系中。但通常在失去家人的情緒裡，可以想像並不容易說服其家人將化石等標本捐贈出來，所以最後的命運，很容易就是在遺物清理中一併被處理掉，而這些還沒有被深入進行過研究的化石及相關標本，也就一起從自然史中被清除得一乾二淨。

建立化石和相關標本典藏系統從來不是一件容易的事情，投入大量經費後，也不是能輕易地看到成果，但卻需要持續投入資源來維持其資料庫。早坂一郎在一九四二年的文章裡沒有關於這一批化石的典藏編號，確實是極爲可惜。但從整體發展的脈絡來看，台灣有系統的進行古生物研究，雖然可以說從日治時期就開始進行，但整體來說，關於化石或標本的典藏系統，仍沒有如同時期歐美地區進行古生物收藏的嚴謹。再加上二次大戰時期前後的不安定，早坂一郎搬回日本直到一九七七年過世前，都沒有仔細的回過頭來整理、深入的研究台灣早期所發現的化石，又經歷了將近半個世紀的時光——令我很難過，這一批早期在台灣所發現的化石，其中更包含了可能爲台灣首次的劍齒虎標本，在我個人於日本國內能達到的地毯式搜索下，目前也沒有任何被保留下來的跡象。

上述這個早坂一郎與台灣日治時期的化石標本，可以說是古生物學家自己將化石標本列爲私人收藏進行研究的例子。但私人收藏的另一種狀況更常見，也就是本身並不是學術界中的研究人員，純粹是因爲對於化石的愛好而開始進行收集，長期所累積下來的專業知識也不可否認，甚至有不少這樣「業餘玩家」的能力也會超過一般所認定的「專家」。不過，對於化石或我們想要解讀的自然史來說，最後的結果常常會令人難過的雷同。

消逝的化石——「潘氏金龜」

第四話有提到的潘常武，在台灣的古生物學研究史中也是一位基本上不會被漏掉的化石玩家，即使只有小學畢業的學歷，但在台灣對於古生物學的投入與累積的相關知識，也是不少所謂的專家難以匹敵。不過，問題仍會是潘常武自己私人所收藏的化石標本，到最後仍是沒有被完善的保存進任何大學或博物館的典藏系統，導致潘常武在二〇一五年過世後，早期所收藏化石標本的下落也不爲人知。當我二〇一八年回台灣開始嘗試有系統的進行台灣古生物研究工作時，已經沒有機會直接跟潘常武確認標本的狀況，而是只能跟潘常武的家人詢問，連潘常武親近的兄弟和太太，對於他長期所收藏的化石標本也不清楚其下落。

潘常武所收集的化石標本當中，也包含了模式標本，也就是最一開始命名新物種如此重要的化石，像是命名給潘常武的「潘氏金龜（學名為：*Chinemys pani*）」。在一九八五年被命名的潘氏金龜，最一開始被認為是在台南所發現，但因為潘常武自己的標本太多，基本上也都沒有完整的採集時間、地點等在研究中相當關鍵的資訊，一開始提供標本進行研究時有點搞混，之後潘常武自己才意識到，這一件被命名為潘氏金龜的化石標本，是從介於台灣和澎湖群島之間的海底被漁民給打撈上來的化石。

潘氏金龜在被研究、命名與正式發表之後，原始的化石標本一直都是屬於潘常武的私人收藏，即使潘氏金龜發表的時間點已經是一九八五年，算是台灣近代的少數古生物研究成果，但一部分或許是因為發表在台灣當地的期刊（《國立臺灣博物館學刊》），也沒有依照如上述提到的國際古脊椎動物學會所要求的研究倫理之一，那就是研究與正式發表的化石標本，都應該要典藏於正式的相關單位（不論是博物館或大學等公開的研究場所），才能讓後續的研究人員重新檢視其研究成果。

命名一個新的物種──不論是現生或是化石物種，都是一件需要很嚴謹、扎實的研究工作。如果潘氏金龜確實是一個新的化石物種，將會是台灣首次發現的台灣特有種烏龜化石——但因爲原始的化石仍在潘常武的私人收藏，沒有人可以輕易的重新檢視、判斷這一件被稱爲潘氏金龜的新物種是不是可以成立，尤其是對於國外的古生物學家來說，要可以跟台灣當地的私人收藏家如潘常武連絡上，甚至是約時間來進一步重新觀察、研究該化石，幾乎是天方夜譚。

如此種種的因素下，就不訝異台灣的古生物學研究很難跟國外已經蓬勃發展、而且很穩定的古生物學研究相提並論，而國外的古生物學家對於台灣所發現化石或發表的古生物研究成果等，也似乎會很自然的處在不信任或直接忽略的狀態。潘氏金龜在發表之後不久，被國外的古生物學家知道台灣有這一個研究成果之後，沒有進行任何相關、深入的研究工作，就直接不採用潘氏金龜這一個台灣所發現的特有、新的物種，直接認定這化石跟現生的金龜一樣，不應該是新的化石物種。

不只名稱不一樣，背後所隱含的演化歷程或是古生態的意義當然也都會截然不同。就好像我們這一個章節所想談的日治時期，由早坂一郎於一九四二年發表的化石到底是老虎還是劍齒虎呢？不一樣的古生物物種，我們建構出的台灣「更新世公園」或是解讀其意義時，就會往不同的方向前進。特有種的潘氏金龜還是現生的金龜，如果對於台灣的生物多樣性或是相關的生態研究有點了解的話，就會意識到我們到底該將這個潘常武的化石解讀爲哪一個名稱，其影響也會是極爲深遠——因爲台灣現生的金龜有被認爲是外來種的疑慮，但如果潘常武這一件化石在分類上，眞的是隸屬於現生的金龜，那金龜的族群早在人類抵達台灣這一塊土地前，就已經可以算是相當活躍，要認定這一個物種爲外來種、甚至是降低其目前的保育層級，似乎都不太恰當——這樣的思維是研究古生物很重要的面向，也就是利用古生物的研究成果來提供大尺度的知古鑑今，讓我們替生物多樣性的研究加上常被忽略的時間軸，而這也就是我們近期一直在推廣的「保育古生物學」。

回台開始嘗試有系統的進行台灣古生物學研究的時間點是二〇一八年，當時潘常武已經過世了三年，跟潘常武的家人聯絡、洽談後，對於潘常武的化石收藏及保存也都不清楚。從不同的消息來源，也大概得知潘常武從之前就陸陸續續會直接將他所握有的化石或相關標本，轉賣給不同的單位或人士。跟早坂一郎的狀況不一樣，潘常武的標本應該是沒有離開台灣這一片土地。原本預想或許會比較好找一點，但截至目前，仍是沒有命名爲潘氏金龜那模式標本原始化石的任何蹤影。

找不到所謂潘氏金龜的原始模式標本，但有趣的是，竟然在令人意想不到的地方——台南市私立長榮中學裡找到了潘氏金龜的複製標本！這也或許清楚的表達出了不放過任何一個可能的線索，只要聯絡的對象、時間和經費可以允許，我就是會前往現場找尋可能的化石標本。前往長榮中學其實一開始是要找台南所發現的犀牛化石（第四話），但在長榮中學裡沒有發現預期中想找的犀牛化石，反而讓我不小心發現了潘氏金龜的複製標本——當時跟長榮中學負責的老師很興奮的說明這標本的重要性，可以感受到長榮中學的老師不是很理解爲何我如此的興奮——但即使沒有這樣的先例，長榮中學也很支持讓我直接準備一份借調標本的文件，方便我可以直接將標本帶回實驗室進行後續的研究工作。

沒有原始化石，要重新來進行深入研究工作的難度確實是提高了很多，但複製標本已經足夠讓我們重新檢視那所謂潘氏金龜的形態與其結構，來進行後續的分析。實驗室的博士生廖翊如主要的研究領域就是針對龜鱉類的化石，我們已經對於沒有原始潘氏金龜的化石苦惱了很久，而這一件長榮中學的複製標本，幾乎有撥雲見日的能力，讓我們重新啓動不只能理解台灣遠古生物多樣性中，龜仙人們謎題的研究，也有機會加上了大尺度的時間，來替金龜們釐清牠們在台灣的來龍去脈。

有了潘氏金龜的複製標本，再加上現生的金龜骨骼和其他龜鱉們的資料庫，我們深入的形態分析結果，確認了在台灣所發現的這一件被稱爲特有物種「潘氏金龜」的化石，其眞實身分應該是現生的金龜！這研究成果除了可以應用到上述現生金龜的保育議題上，另一個喜憂參半的面向就是雖然原始的化石標本不見了，但因爲已經不是如一開始所描述的台灣特有種：潘氏金龜，而是現生金龜（學名：*Mauremys reevesii*）在台灣所發現的更新世化石紀錄，所以消逝的化石並不是在分類學中極爲重要、命名新物種的模式標本。

只透過「一張照片」進行研究的困難度

回過頭來思考早坂一郎於一九四二年發表的化石標本。在台灣和日本的相關單位或私人收藏裡都沒有任何蹤影，也沒有找到如潘常武所收藏但不見的化石複製標本，目前能給的結論就是那一件令我眼睛爲之一亮的化石應該就是不見了——很難過，當然也只能接受這樣的事實。但困擾我、而且絕對想回答的問題仍是存在，那就是這一件台南所發現、只有部分的右下顎化石標本，到底是不是劍齒虎這一類的超級明星呢？因爲這會影響到我們該如何重新建置台灣的更新世公園，與了解台灣的遠古生態系。

只有一張照片，沒有任何關於這件化石標本的詳細測量資料，早坂一郎只有很簡短的寫了這一張照片的印刷成品就是原始大小，換句話說就是我們不知道這一件下顎的化石標本到底有多大，沒有任何確切的數據——唯一可以確定的就是，至少從《臺灣地學記事》這一本期刊的原始出版品來判斷，這一件化石標本的尺寸就是符合大型貓科的下顎，而不會是陪大家在家裡玩耍的家貓。

從一張日治時期所留下的照片，眞的能判斷這一件化石到底是隸屬於現生老虎等大型貓科的化石、還是已經完全滅絕的劍齒虎這一類的古生物超級明星嗎？這聽起來就是一件趨近不可能的任務——但身爲古生物學家，最大的樂趣之一就是藉由扎實的科學研究，來嘗試回答這樣的大哉問，再加上我個性本來就沒有很好，尤其喜歡完成別人認爲做不到的事情——就好像當我還是學生時，在台灣所接觸到的幾乎每一個人，都跟我說在台灣無法進行那迷人的大型古生物研究工作，但我現在的工作，卻是可以藉由鑽研古生物的知識，來教學和進行更多未知的研究工作。

下顎的前後都不見了，只有保留了中間一段，但中間這一段下顎的上方，清楚的保存了下顎的第一顆大臼齒和第四顆前臼齒——而這將會是判定這一件化石類群的關鍵線索。不過，問題除了只有一張照片，無法像是手拿著化石、可以上下左右自由的觀察所有保存下來的形態特徵，或是確認其形態磨損的狀況等；另一個很大的問題就是我手邊並沒有足夠的大型貓科動物如老虎、獅子的骨骼標本，和關鍵的劍齒虎們的化石標本，來進行深入的下顎形態分析。

就在覺得應該要先放棄、將這一個可能是台灣劍齒虎的化石紀錄擱在一旁，但仍是繼續尋找及閱讀全球各地劍齒虎，和其他大型貓科化石的研究論文及相關發表文章時，**Zhijie Jack Tseng**這一個很熟悉的名字，持續出現在劍齒虎和其他大型貓科化石的研究論文上。這一位可以說是全球大型貓科化石研究人員最頂尖的古生物學家之一，其實也是台灣出生（中文名字爲曾志傑），只是年紀還小的時候就移民到了美國。當我還在學生時期，於台中的科博館跟著張鈞翔研究員打轉，尋找我能進行古生物研究的主題時，就有和Jack見過面、聊過台灣古生物研究的可能性，即使一不小心那已經是超過十年前的往事了。

原始標本遺失，針對一張照片進行分析，從而發表其研究成果到國際間的期刊，其實我之前就有相關的研究經驗。一九九五年的時候，美國史密遜自然史博物館（National Museum of Natural History, Smithsonian Institution）的研究員Jim Mead收到一封從瑞典寄來的信件，裡面夾帶了一張照片，是在非洲甘比亞（Gambia）所拍攝的鯨魚擱淺的影像，詢問那是什麼物種的鯨魚。這封信件和照片就一直塵封在Jim的資料庫裡，超過了二十年後，我到美國DC在史密遜自然史博物館進行短期研究工作、也寄宿在Jim的家中時，Jim剛好提及了這件事。看了這一張在非洲所拍攝的照片，我們都能很清楚的從其呈現出來的形態，判斷那是小露脊鯨（學名爲*Caperea marginata*）。經過確認後，發現這一件非洲甘比亞的標本應該是已經遺失，但有趣的是，小露脊鯨目前只有生活在南半球——但甘比亞是位於北半球。

和Jim多次討論後，我們認爲這樣重要的發現，即使標本已經不見，而我們手上的證據只有一張照片，也是應該嘗試發表到國際期刊中，讓所有人知道這樣的發現。從而希望讓更多人意識到在研究上、也算是長期較被忽略的非洲地區，需要也值得我們投入更多心力去探索。首次在北半球發現生活於南半球的小露脊鯨的擱淺紀錄，有著全球生物地理思維的尺度，清楚的說明了其重要性。但標本遺失，再加上是大多數人較陌生的非洲區域，這一個研究成果最後在二〇一八年刊登於日本動物學會所發行的《*Zoological Letters*》，但其中間的歷程，是我到目前為止投稿到國際期刊最辛苦的經驗——總共被不同的國際期刊拒絕超過十次以上！有了這次和Jim一起發表非洲小露脊鯨標本遺失的堅苦過程，每一次被期刊拒絕都像是被打掉重練一樣，實在是不想只藉由一張照片來進行分析與後續的研究——因為看來是只有一張照片，但我們要進行分析時，其實需要收集大量的相關資料才能進行深入的分析，那所需的時間和經費都是相當可觀，但卻很容易因為沒有原始標本，就被期刊編輯或是審查委員給打回票，認為這樣的研究成果不值得被發表。

身為研究人員，從現有的資料來進行後續的推測與判斷，是極為重要的一件事，也就是我們希望藉由科學研究來達到一定程度預測未來的能力，但在科學研究裡需要有扎實的證據來支持這樣的推測。沒有資料或證據的話，一切都只能淪為空談。回到劍齒虎的問題，從全世界劍齒虎的化石分布來看，台灣如果發現曾經有劍齒虎出沒，一點都不會太奇怪；或許應該換句話說——台灣找到劍齒虎的化石應該只是時間早晚的問題。劍齒虎們在大型貓科動物中被歸為劍齒虎亞科（正式分類名稱為：Machairodontinae），目前也已經有超過五十種以上的劍齒虎被命名，最為人所知的大概就是電影《冰原歷險記》中有出現的*Smilodon*（中文可翻成美洲劍齒虎或斯劍虎）和*Homotherium*（似劍齒虎）這兩類的劍齒虎，而美洲劍齒虎如名稱來看，目前也確實只有在美洲地區被發現。有趣的是，似劍齒虎這一類的劍齒虎，雖然名稱有「似」（因爲學名中字首的homo有類似的含義），但牠不只是貨眞價實劍齒虎們中的一員，其分布也從非洲遍及歐亞大陸不同地區，另包含北美洲、甚至到達了南美洲。

不只是全球的地理分布，似劍齒虎主要生存的年代也是電影《冰原歷險記》中描述的地質時期：更新世，而更新世也是發現台灣大型脊椎動物化石主要年代來源，更有趣的是，雖然早坂一郎在一九四二年的原始文章沒有提供確切的發現地點，但台南這一件可能爲劍齒虎的化石標本，其年代也應該爲更新世，甚至我們可以更確切的推測，這一件化石應該是台南發現大型脊椎動物化石主要的崎頂層，年代基本上落在更新世中期這一段時間，用確切的數字來表達的話，那就是大約四十萬到八十萬年前之間。

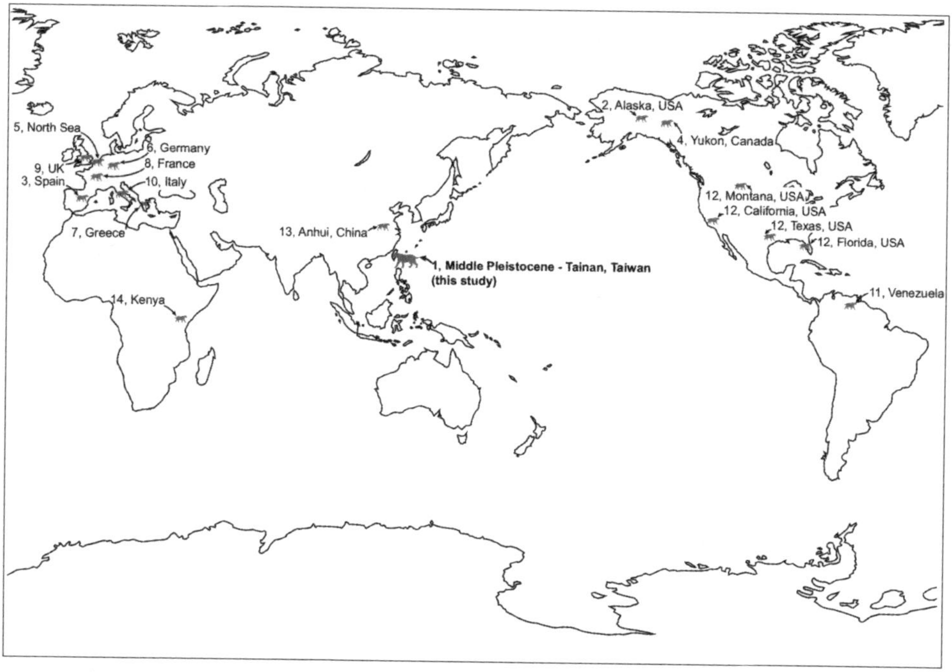

全球似劍齒虎的分布，可以推測似劍齒虎也應該會出現在歐亞大陸東緣這一帶。我們最新的研究成果也將似劍齒虎的分布加上了台灣！（取自 Tsai and Tseng 2022 *Papers in Palaeontology*）

成功讓台灣劍齒虎登上國際期刊

自認已經達到了我在極為有限的資源下，能完成的調查與研究工作，接下來的工作就是寫信給在美國加州柏克萊大學（University of California, Berkeley）的Jack，討論與整合他所累積的大量劍齒虎和大型貓科化石相關的知識和資料庫——身為古生物學家，我日常的工作內容之一，就是和不同地區的古生物學家通信和討論相關的研究，也不會特別在意時差的問題。而令我超級開心的是，在我寄出關於這一件基本上已經被遺忘的化石標本的信件後，Jack不只在短短四個小時左右就立刻回信，而且在信件內容也清楚的回覆——即使只有一張照片，但這確實應該是劍齒虎這一類的化石，而不是現生老虎或獅子那一類的大型貓科動物的化石。

下一步已經很清楚，我們需要的就是將可以從這一張照片所取得的任何資料——像是判斷劍齒虎等大型貓科動物中，很關鍵的第一顆臼齒和第四顆前臼齒各個齒尖的相對比例，然後利用與整合Jack手邊已經有的劍齒虎和貓科化石與形態的資料庫，我們預計就能清楚的給出扎實的研究數據與成果，來說明這一件台南所發現的下顎化石標本，是不是屬於劍齒虎這一類。而劍齒虎的物種多樣性其實相當高，如果台南的化石確實是劍齒虎的話，這樣的分析也能更進一步的幫助我們判斷會是哪一類的劍齒虎。

資料的收集一直都是一個漫長的過程，而完成資料收集後，利用電腦進行分析來看到結果的時間，常常都感覺只是一眨眼的瞬間。Jack和我兩人各自利用不同的分析方式，Jack採用數值統計分析，而我這邊是利用親緣關係分析——令我們超級興奮的是，即使台南這一件化石標本能取得的資料很有限，但我們不同的分析方式與結果，都清楚的呈現出台南所發現的這一件下顎化石標本，確實是隸屬於劍齒虎這一類的物種！

除了大量資料的分析結果，我們古生物學家們的日常工作，就是仔細的觀察每一個部分的形態結構。光是從這一件下顎所保留的牙齒形態，即使只有一張照片，我們只能從側面來觀察到這一件右邊的下顎，但其第一顆臼齒的下前尖（paraconid）的長度和下原尖（protoconid）差不多，這其實就是*Machiarodus*、*Amphimachairodus*和*Homotherium*這一大類劍齒虎的關鍵特徵之一。不過在科學研究裡，我們總是會希望能有更多的證據，來支持我們的假說——在這一個例子裡，就是台灣確實有劍齒虎的出沒——不只如此，從所有的形態、統計、親緣、地層分析等各個面向來考量，這一件台灣所發現的下顎化石，應該就是屬於「似劍齒虎」，這一類可以說是廣泛於全球的劍齒虎物種——現在，我們也可以驕傲的說出台灣也有劍齒虎的化石！

等一下，在科學研究中，並不是我們自己的分析結果完成就告一段落了，還需要經歷過在國際期刊中的嚴謹審查過程，才能稍微大聲與驕傲的將我們最新發現的迷人故事，說給全世界知道。沒有原始的化石標本，在完成分析與撰寫研究文章，準備投稿到國際期刊去進行審查前，就已經有心理準備，很有可能被期刊編輯或是審查委員退稿——但我很清楚這不僅僅是台灣首次正式的劍齒虎紀錄、會完全改寫我們對於遠古台灣和其生命史演變的認知，也很希望能藉著劍齒虎將會吸引多人目光的高知名度，來喚醒我們對於台灣古生物學研究與其標本典藏的重要性，從而能讓更多人願意投入更多的資源，來揭開那仍不為人知、但又極為重要的遠古面貌。

劍齒虎不只是明星物種，而是其占據的生態區位對於了解遠古生態系極為重要。也因此台灣有劍齒虎這一個發現，其古生物學的重要性和價值，基本上可以說是不言而喻——但現實是，投稿到國際期刊又會是另一回事。在投稿前，古生物研究相關的期刊選擇性並不多。對我來說，除了研究內容需要嚴謹及扎實之外，能讓

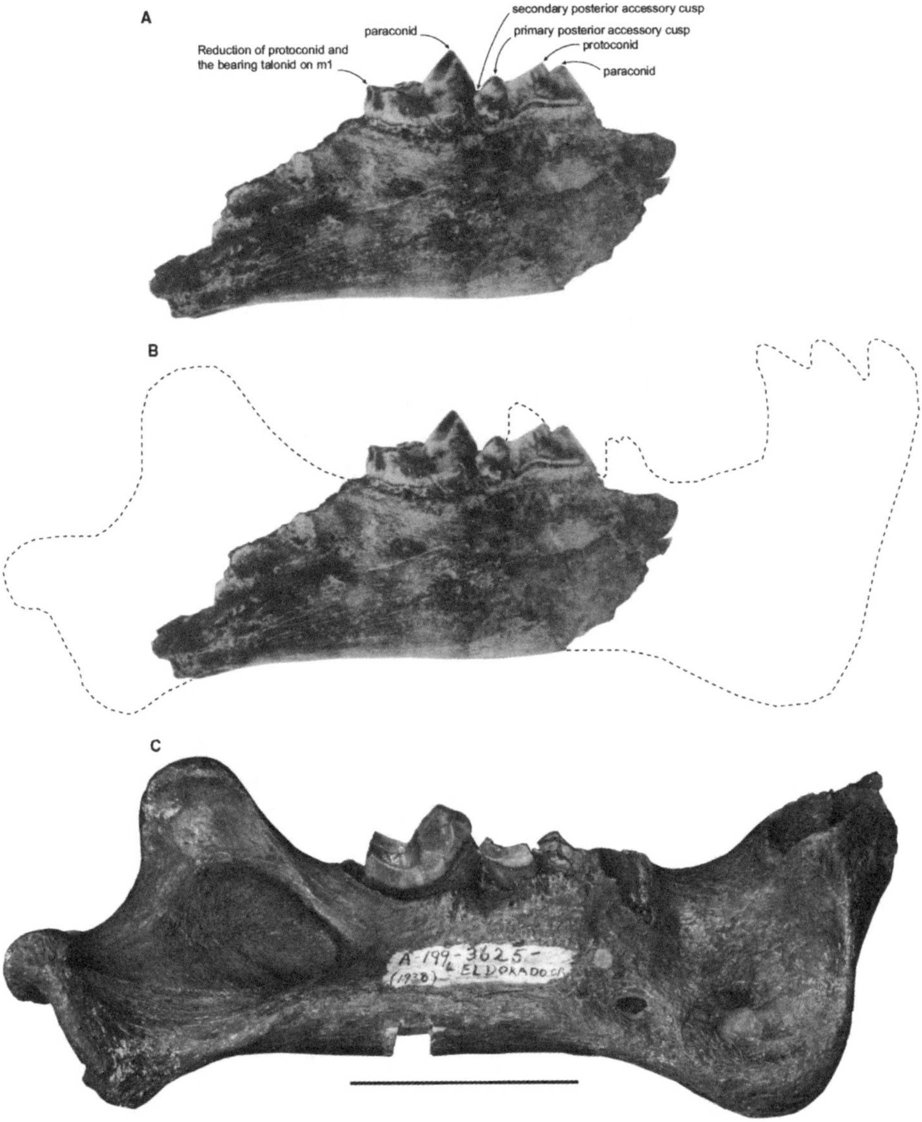

台灣所發現的似劍齒虎的右下顎（A 和 B）與往「更東邊」邁進、美國阿拉斯加所發現的似劍齒虎的完整化石標本進行比對與分析。（取自 Tsai and Tseng 2022 *Papers in Palaeontology*）

更多人知道我們耗費了大量時間與經費後的古生物研究成果，也是一個滿重要的考量。在學術界中，近十幾年來研究期刊的運作方式也改變不少，尤其是所謂的開放式（open access）期刊和文章的興起，某種程度可以說是將學術界的象牙塔開了一扇大門，讓一般大眾進來觀看與確認所謂學術研究的成果——但不太爲人所知的或許是，要將這一扇大門給打開的金額，常常是一篇研究成果就需要三千美金以上（將近或超過十萬台幣）起跳，而這費用是從研究人員有限的經費，或甚至是自掏腰包來支付出版的費用。考量到如此可觀的金額，再加上學術單位的重要工作就是不斷的有新發現，並且將其成果發表讓全世界知道，有些學術單位會尋求跟各大國際間的出版社或集團簽約，讓該機構的研究人員，能支付較低的開放費用或甚至是全額抵免。

古生物學相關的期刊在這樣的系統裡並不多，但幸運的是我任職的台灣大學近期和劍橋大學出版社（Cambridge University Press）有簽約，讓我們校內的研究人員能免費將研究成果，以開放文章發表在他們旗下的國際期刊中。這裡面剛好包含了古生物學界其中一個主要的研究學會：美國古生物學會，所出版的《古生物學期刊》（*Journal of Paleontology*），我自己人還在國外時就有發表過古生物研究成果在此期刊中，近期也陸續有投稿並發表在此（如第六話，台灣所發現的鱷魚公主），所以它算是我們古生物研究領域裡的代表期刊之一，也很自然的成了我們投稿的目標，希望將台灣首次正式在研究分析與成果中證實的劍齒虎，透過這個期刊公開發表。

通過了第一關，期刊編輯將我們劍齒虎的研究文章，送到對於劍齒虎有深入研究的古生物學家手上，進行深入的研究內容審查——這未知又煎熬的等待過程，我們需要嘗試將心思放在另外的古生物研究，及日常的教學與行政工作。直到編輯送來審查委員的意見——沒有原始標本，兩個審查委員對於只利用一張照片就要宣稱台灣首次劍齒虎的化石紀錄，皆一致反對；編輯也沒有意外的，直接拒絕了我們這一次的投稿。

仔細閱讀審查意見，思考該如何修改，當然也和Jack討論下一步的規畫。我看著先前投稿到美國古生物學會所發行的《*Journal of Paleontology*》的稿件內容，和我們準備朝英國古生物學會所發行的《*Papers in Palaeontology*》（古生物學論文）投稿的文章——主要結論當然是沒有改變，但不只在內容上，我們連標題也都大幅的修改過——神來一筆似的想法，在修改文章時，我自然的將標題修改成：

Eurasian wanderer（歐亞大陸的漫遊者），當標題下對了，我對於整個投稿的信心就大幅增加——這一次，兩位審查委員不只對於我們的研究成果很滿意，其中一位審查委員更是在審查意見中強力讚賞我們的研究，直接說這一篇研究的作者針對如此有限的資料（僅以一張將近百年前的古老照片），完成了所有能做、也應該做的研究，來說出台灣也有劍齒虎。標本不見確實是一個很大的問題，但這並不是作者們的問題，而藉由這一個研究成果，也將能讓當地與國際間更注重台灣的古生物研究。

二〇二二年十月二十八日，標題爲：Eurasian wanderer: an island sabre-toothed（Felidae, Machairodontinae）in the Far East（中文可以翻譯成——歐亞大陸的漫遊者：遠東的島嶼劍齒虎），台灣首次證實的劍齒虎紀錄，正式發表於古生物學界中相當具有代表性、由英國古生物學會所發行的《*Papers in Palaeontology*》——台灣更新世公園裡的、尤其是大型草食動物們，像是草原猛瑪象或是早坂島犀等，從此將脫離不了被劍齒虎獵捕的陰影。

挖掘台灣大型遠古生物化石，不再是白日夢

溫度超過了攝氏三十度、一個炎熱的夏日下午，《明天過後》似的冰河時期已完全結束，當下的整體環境初步一看，和我們目前的間冰期似乎沒有太大的差異。半開闊草原遠處的一棵樹下趴著三隻懶洋洋的生物，仔細觀察一下，似乎是一隻成年的劍齒虎個體，帶著兩隻看似還嗷嗷待哺的小寶貝。望向另一邊，一小群的犀牛族群正漫步前往攝取點水分，有一兩隻看來是較老年的個體走在最後面，除了腳步有點慢之外，從外觀看來也有點體力不支、少了點往年風姿，可能也正在被一些病痛所折磨著身軀。成年的劍齒虎站了起來，稍微往草原的方向前進走了幾步，評估著當下的情勢——就當我們還在觀察著這樣的局面，一轉眼之間，就看見了那一隻劍齒虎穩健的步伐奔向了犀牛群。同時，除了身爲旁觀者的我們，神經突然間緊繃了起來、專心注目這一場景後續的發展，卻沒有想到從另一個方向，也有劍齒虎衝了出來，往犀牛的方向奔跑過來。

上述這一小段我腦海中想像的場景，是我在台灣劍齒虎這一個研究成果已經完成後，準備等著研究文章正式於《*Papers in Palaeontology*》出版前，剛好收到出版

社的邀請，爲一本翻譯國外的古生物書籍撰寫推薦文，上述這段是我在文章中所建構的台灣更新世公園的一角。長期以來，從來沒有人能大聲的宣稱台灣有劍齒虎，但從我們這一篇歐亞大陸漫遊者的研究文章發表之後，我們不只可以驕傲的說台灣有劍齒虎，台灣的更新世公園或是台灣版的《冰原歷險記》，也等著我們願意投入更多心力和資源來揭開。

台灣目前唯一所知的劍齒虎，就是這一件已經不見的下顎化石，但清楚的說明了還有更多、更完整的劍齒虎標本等著我們來挖掘。在我二〇一八年回來台灣後，跟不少台灣的政府行政單位提

重建的台灣更新世公園場景：包含了似劍齒虎、草原猛瑪象為主角，和不易被發現的台灣豐玉姬鱷、早坂島犀和金龜等。（孫正涵繪製）

到，我要在某些特定的地方挖掘大型脊椎動物的化石，基本上都會得到相當一致的回應，那就是台灣怎麼會有大型的脊椎動物化石呢？但這一件台灣的劍齒虎是在台南所發現，再加上早坂一郎從日治時期所遺留下來的歷史背景，以及可以說是早坂一郎在台灣的傳人：已經過世、被稱爲化石爺爺的陳春木與其接班人們，都確實讓台南地區對於大型古生物的研究較爲熟悉。

在跟台南市政府多次的接洽後，他們幫我跟另一個大多數人或許對於尋找、挖掘化石研究會有點意外的單位聯繫上：經濟部水利署第六河川局。因爲河川管理和防治氾濫等問題，全台灣各大河川基本上每年都會在不同地區進行挖掘，而這樣會有怪手在野外現場施工的契機，對我來說就是尋找劍齒虎和其他相關大型脊椎動物化石的最佳機會。一來是我幾乎不可能可以有足夠經費來聘請怪手等大型機具進行挖掘工作，二來其實是世界各地不少保存完好的大型脊椎動物化石，都是在施工時所發現，定期會在不同的河流地點進行挖掘與修繕，只要管理和施工單位願意讓我們在不影響他們施工進度的狀況下，固定前往尋找化石，挖掘出更多大型又完整的劍齒虎或其他的脊椎動物化石，一定不是在做夢。

劍齒虎這一整個類群爲什麼會滅絕呢？這一個大哉問從來沒有人認爲在台灣這

一片看似不大的土地上能提供任何線索，但我們現在清楚的知道台灣也有劍齒虎的出沒，牠們的消失不再是跟我們一點都不相關的議題。相反的，台灣長期以來沒有被受到太多重視的大型古生物研究工作，將有絕佳的機會能提供出先前完全意想不到的古生物研究成果，讓我們藉由持續且深入的古生物研究，來描繪出這些好久不見的遠古伙伴們的迷人色彩。

參考書目&延伸閱讀

* Tsai, C.-H. and Tseng, J. Z. 2022. Eurasian wanderer: an island sabre-toothed cat (Felidae, Machairodontinae) in the Far East. *Papers in Palaeontology* 8:e1469

我們這一篇研究文章首次清楚的證實了台灣也有劍齒虎這一類的古生物大明星。保存的化石標本爲一部分的右下顎，從形態和親緣關係的分析結果顯示，台灣首次發現的物種應該是衆多劍齒虎中的「似劍齒虎

（*Homotherium*）」。由於劍齒虎們不管在形態上或是生態體系中所占據的位置，都和其他的大型食肉類（如老虎或獅子）不盡相同，台灣有劍齒虎的這一個發現也說明了台灣的遠古生態系和目前截然不同。只是很可惜的是這一件化石標本已經遺失，但這一個研究成果，也開啟了後續挖掘更多相關化石標本的可能性。

＊Hayasaka, I. 1942. On the occurrence of mammalian remains in Taiwan: a preliminary summary. *Taiwan Chigaku Kizi* 13:95-109.

上一篇發表於二〇二二年的參考文獻證實的台灣有劍齒虎的出沒，其化石標本就是來自這一篇文章，但當時是被鑑定爲貓屬（*Felis* sp.）。由於是在日治時期，當時要進行詳細的化石形態分析並不容易，雖然被鑑定爲貓屬，但研究文章也已經有提到和劍齒虎的形態很類似，只是無法進一步確認。

＊Liaw, Y.-L. and Tsai, C.-H. 2023. Taxonomic revision of *Chinemys pani*

(Testudines: Geoemydidae) from the Pleistocene of Taiwan and its implications of conservation paleobiology. *The Anatomical Record* 306:1501-1507.

跟台灣所發現劍齒虎的原始化石標本不見有相似的命運，台灣所發現的金龜化石也已經遺失。化石標本是古生物研究最基礎也重要的材料，是我們對於已經「看不見」的生命史最直接的證據，但藉由所留存下來的照片或複製標本，仍是足夠讓我們進行深入的分析來探討其分類與其遠古的生態系和演化意義。

＊Tsai, C.-H., and Mead, J. G. 2018. Crossing the equator: a northern occurrence of the pygmy right whale. *Zoological Letters* 4:30.

因爲標本遺失，這一篇研究文章同樣只能利用當時在非洲甘比亞所拍的照片進行分析。標本的保存和典藏一直都是很不容易，因爲需要耗費大量的人力和資源，並且很難在短時間看到成效（如相關的發表）。藉由更多的研究成果發表，或許能引起更多人對於被忽略的自然史的重視。

【致謝】

寫完這一本書，對我來說感覺好像完成了另一本古生物研究的博士論文一樣，只是沒有指導教授可以感謝，但很感謝每一個支持我的人，尤其是每天在精神上給我最大支持的久美子和希美子——如果沒有她們的陪伴，這一本書或許永遠不會有機會可以寫完。

古生物學長期以來在台灣幾乎就是被忽略的研究領域，才會像是台灣有滿高的鳥類多樣性，但卻一直以來都沒有化石的紀錄（這一個鴨蛋終於被我們打破！）。或是古菱齒象佇立在大家所熟悉的科博館多年來，台灣卻幾乎沒有人意識到如此巨大的大象，生存在台灣的意義或重要性——很感謝我們的台大生科系，讓我有機會回台灣從事以古生物爲主軸，這一個看似冷門、但是超有趣和重要的研究領域。也很謝謝麥田出版的秀梅和桓瑋的支持和編輯，讓這本書眞的可以來到出版的階段，讓更多人認識這些台灣「好久不見」的古生物們。

我一個人的力量和時間都很有限，所以很開心能在大學裡任教、建立一個小小的古生物實驗室（古脊椎動物演化及多樣性實驗室），來吸引更多對於古生物有興趣的學生，從而有機會培育出更多下一代的古生物相關人才——不論之後是從事第一手的研究，或是任何面向的推廣等古生物相關工作。實驗室目前唯二畢業的碩士班研究生正涵和義揚仍在古生物學相關的領域探索，還有目前仍在實驗室進行博士班研究的翊如和Deep，很開心看到他們都有不錯的古生物研究進展，相信再過幾年後，他們都能在古生物的相關領域裡，開拓出自己的一片天空，並且讓更多人了解古生物們的迷人和價值。

古生物們並不會自己跑出來跟大家說牠們的遠古故事，除了有人願意投入相關的研究工作外，經費的取得一直都是個大問題——所以很謝謝國科會（先前的科技部）至少每年都有經費可以提供我們維持最低限度的經費來源。如同我在書中所提及一些捐款例子，古生物的研究在國外有企業或私人捐款是很常見、而且是能大幅推進研究的關鍵力量，所以回到台灣後也跟學校申請到了一個實驗室的捐款帳戶，讓大眾或企業能透過學校的系統（都可以抵稅！）來捐款支持我們的古生物研究工作。累積的捐款到現在將近六年的時間，有新台幣快要三百萬，說多不多、說少不少，每一筆捐款都像是及時雨一樣——尤其感謝好幾位不具名的人士給予相當可觀的捐款，能讓我們使用在不同的古生物研究面向（像是提供給學生們出國的費用），所以大多數時間在學校的捐款系統上顯示的餘額都很有限，也因此很希望能有更多大筆及持續的捐款，來揭開更多迷人的古生物與其故事。

最後要感謝的當然就是每一個「好久不見」的古生物！沒有牠們的存在，也不會有我們古生物學家。眞的能成爲一名古生物學家，除了我身邊每一個人的支持之外，每一個能讓我投入時間、心力來研究的古生物，都是帶領我搭上時光機、走回遠古的好伙伴！藉由這一本書的出版，很期待能引起更多人對於古生物的關注，從而讓我們一起喚醒更多迷人的古生物，和藉由扎實的古生物研究工作，來更完整的描繪出牠們生存的遠古世界。

人文36

好久・不見

露脊鯨、劍齒虎、古菱齒象、鱷魚公主、鳥類恐龍……
跟著「古生物偵探」重返遠古台灣，尋訪神祕化石，訴說在地生命的演化故事

作　　者　蔡政修
責任編輯　林秀梅　張桓瑋　莊文松

版　　權　吳玲緯　楊　靜
行　　銷　闕志勳　吳宇軒　余一霞
業　　務　李再星　李振東　陳美燕
副總編輯　林秀梅
編輯總監　劉麗眞
事業群總經理　謝至平
發　行　人　何飛鵬

出　　版　麥田出版
城邦文化事業股份有限公司
台北市南港區昆陽街16號4樓
電話：886-2-25007696　傳眞：886-2-2500-1951
發　　行　英屬蓋曼群島商家庭傳媒股份有限公司城邦分公司
台北市南港區昆陽街16號8樓
客服專線：02-25007718；25007719
24小時傳眞專線：02-25001990；25001991
服務時間：週一至週五上午09:30-12:00；下午13:30-17:00
劃撥帳號：19863813　戶名：書虫股份有限公司
讀者服務信箱：service@readingclub.com.tw
城邦網址：http://www.cite.com.tw
麥田部落格：http://ryefield.pixnet.net/blog
麥田出版Facebook：https://www.facebook.com/RyeField.Cite/

香港發行所　城邦（香港）出版集團有限公司
香港九龍九龍城土瓜灣道86號順聯工業大廈6樓A室
電話：852-25086231　傳眞：852-25789337
電子信箱：hkcite@biznetvigator.com

馬新發行所　城邦（馬新）出版集團
Cite（M）Sdn. Bhd.（458372U）
41, Jalan Radin Anum, Bandar Baru Seri Petaling,
57000 Kuala Lumpur, Malaysia.
電話：+6(03)-90563833　傳眞：+6(03)-90576622
電子信箱：services@cite.my

封面設計　廖韡
電腦排版　宸遠彩藝工作室
印　　刷　沐春彩藝有限公司

初版一刷　2024年9月
初版二刷　2024年12月

定價／450元
ISBN：978-626-310-730-4
9786263107588 (EPUB)

國家圖書館出版品預行編目（CIP）資料

好久．不見：露脊鯨、劍齒虎、古菱齒象、鱷魚公主、鳥類恐龍......跟著「古生物偵探」重返遠古台灣,尋訪神祕化石,訴說在地生命的演化故事/蔡政修著. -- 初版. -- 臺北市：麥田出版, 城邦文化事業股份有限公司出版：英屬蓋曼群島商家庭傳媒股份有限公司城邦分公司發行, 2024.09
面； 公分. -- (人文 ; 36)

ISBN 978-626-310-730-4（平裝）

1. CST: 古生物 2. CST: 動物化石 3. CST: 通俗作品 4. CST: 臺灣

359.5 113010661